# 作者序

　　這裡是松毬，個人興趣是手工藝所以各種類的都有東摸摸西試試，因為友人在玩的寵物養成遊戲リヴリーアイランド換裝系統出現了浴衣套組託我做娃娃版本的髮飾，就這樣開始做起了布花，回過神來已經像起床前的5分鐘，結果發現時已經是5小時後那樣的過了好幾年，就這樣繼續到了現在。

　　平時教學都是口述實際操作示範，原本就有將教學內容編集成書的打算，但是編目錄時就編成奇怪的東西只好一直擱置，突然冒出的編輯真是幫了大忙，相較於之前神速的進展到現在除了這篇序以外都完成了。

　　這本書收錄了從兩大基礎路線圓型尖型花瓣及其變化衍生搭配，到蓮花牡丹這些較複雜的擬態現實花種，和綴飾零件的做法分解等等，從簡單到深入的編排，可以循序漸進的練習，慢慢的打怪升級。

迷途之里工作室店長兼講師

---

## 松毬
迷途之里工作室店長兼講師

### 專長
- つまみ細工
- 裁縫
- 袖珍飾品製作
- 雕刻

# 目 錄
## content

## Chapter 1
### 基礎花形製作

## Chapter 2
### 衍生花形製作

## Chapter 3
# 組合成形

## Chapter 4
# 進階花形製作

# 什麼是布花

Tsumami-Zaiku

××× 

つまみ細工，中文通常譯成和風布花、日式布花、日式花簪等等，源於主要材料即是布料所製成。用正方形的布片捏摺成花瓣，模擬自然，搭配組合成各式各樣的花鳥蟲魚，放在髮上作為裝飾。

大約在日本的江戶時代（17～19 世紀）初期開始興起，結束一百多年的戰亂後，這個時期的經濟逐漸穩定，生活水準提高的人們開始有錢有閒，各種工藝逐漸復甦與興盛。

細工花簪是舞妓頭上主要的髮飾，依照季節與年資搭配各種花卉的髮簪。

現代除了常見於七五三、成人式、新年、婚禮等穿著和服的正式場合以外，和洋混合的風格也催生出各種日常可以使用的配飾與周邊。

拜資訊交流發達的科技所賜，布花也流行至西方，與東方纖細優美的風格迥異，多使用色彩鮮豔帶有光澤的緞帶來摺花瓣，形成另一種大開大放的美感。

# 工具材料介紹

Tool & Material

×××

### ⬩布

布花的基礎是正方形的布片，基本上只要是平織紋無彈性的布種，甚至是絨布、不織布、紗類，都可以拿來摺花瓣。

以下為常用幾種布料。

#### 棉布

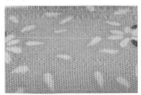

**特性**：易於摺出摺痕，簡單容易上手的新手村布料，對所有花種都適用。因其吸水性佳的特性，可以吸收大量用於定型的稀釋糨糊，也適合製作需要塑型的特殊花種。

**款式**：顏色選擇眾多，也有各種厚度。

※ 本書示範內容使用棉布。

#### 棉麻布

**特性**：棉纖維與麻纖維的混紡布料，厚度較棉布來的厚，硬度也較硬，適合圓形花瓣和梅花系列及其變化型態的花種。

#### 仿古布

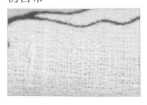

**特性**：本質上是棉，織法的差異纖維顯得較粗，厚度與棉麻布相近，同樣適合圓形花瓣和梅花系列及其變化型態的花種。

**款式**：顏色通常較溫潤柔和，適合內斂風格的花朵。

#### 緞布

**特性**：布面自身帶有光澤，可以做出華麗的花朵，依成分不同分成蠶絲與化學纖維，都是較難摺出摺痕，因布料柔軟的關係，所以不適合大尺寸的花瓣，也因吸水性差的特性，不適合製作需要塑型的特殊花種，較適合尖形花瓣和其變化型態的花種。

**款式**：顏色選擇較少，正色居多。

### 羽二重

**特性**：經紗 2 根緯紗 1 根組成的平織布，厚度輕薄、光澤柔軟，常用於和服的內裏。

材質是蠶絲，故而也會被稱為正絹。

傳統舞妓花簪的材料，細緻的纖維適合製作變化多樣的花朵。

難度較高，適合已經有製作經驗的勇者。

### 縮緬

**特性**：經紗經過捻絞的織法織出的布料，布面產生特有的凹凸紋路，雖然材質是蠶絲但厚度相當有分量，本身也自帶一定程度的光澤，適用幾乎所有花種，但不適合太小的尺寸。

依各個產地和經紗捻絞數量的不同，而被稱為丹後縮緬、長濱縮緬、鬼縮緬、鶉縮緬等等。

**款式**：顏色鮮豔，也有化學纖維的縮緬，不過少見。

## ◈ 工具材料

| 尖頭鑷子 | 手工藝小剪刀 | 拼布小剪刀 | 裁布剪刀 |
|---|---|---|---|
|  |  |  |  |
| 代替手指進行各項細部動作。 | 全書主要使用的剪刀，尖頭、夠利、順手即可，一般建議使用小把的比較省力。 | 尖頭的銳利小剪刀，用於剪出不鬚邊的細部形狀。也可以用全新的剪刀代替，不可以剪純布以外的東西（×：紙、上過膠的布、線）。 | 裁剪布料用。 |

| 刀片 | 圓規刀 | 輪刀 | 筆 |
|---|---|---|---|
|  |  |  |  |
| 切割保麗龍球用。 | 帶有刀片的圓規，可以輕鬆切割出完美的正圓形，用於切割圓形的底台。 | 刀片是圓的輪子形狀的裁刀，裁直線專用。 | 畫線用。 |

手縫針

縫花瓣用，最好使用 7
號以下的針（號數越小
越粗）。

手縫線

較粗的線，縫花瓣用。

黑線

較細的線，用於綑綁，
顏色不拘，為了與手縫
線分開本書使用黑色
代表。

繡線

椿花的花蕊材料，一般
使用金黃色，也可依布
料顏色搭配。

斜口鉗

剪斷鐵絲、鋁線。

平口尖嘴鉗

凹摺 C 圈、T 針、9 針、
鐵絲、鋁線等。

捲針鉗

凹摺 T 針、9 針用。

牙籤

用於細部上膠。

保麗龍膠

黏合花瓣、底台等，本
書主要使用膠。

瞬間膠 (膏狀)

黏合花朵與金具，膏狀
的比起液狀的不容易
亂流。

瞬間膠 (液狀)

用於加強固定金具的組
裝，液態的具有比較高
的滲透性，可以滲進縫
隙。

糨糊

花瓣定型使用。

水

稀釋糨糊用。

調色盤

用於稀釋糨糊。

水彩筆

用在布上刷糨糊水定
型，2 號或 4 號即可，
不需要太大的號數。

膠帶

固定藤花的繩子用。

**熱熔膠槍 + 熱熔膠**

金具組裝時黏合用。

**尺**

度量長度。

**裁尺**

厚度比起一般的尺要厚，配合輪刀專用，裁切布料。

**圓洞尺**

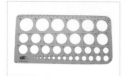

挖有各尺寸圓形的尺，可以直接在紙上描畫出需要尺寸的圓形。

**格線墊板**

有公分格線的塑膠墊板，製作藤花對齊用，選用不沾材質的霧面（亮面的會黏住）。

**切割墊**

普通的切割墊，裁布及切割紙卡、保麗龍球的時候墊在底下。

**珠針**

使用在半球形底台上，作為對齊用的圓心。

**錐子**

打洞用。

**各色西卡紙 200p**

作為底台的卡紙，可以依花朵的顏色選擇不同顏色的底台。

**厚紙板 750p**

用來作彈簧夾底台的卡紙，很厚。

**透明塑膠投影片**

透明的塑膠片，剪成圓形作為珠珠片的底台。

**保麗龍球**

切開作為半球形底台的材料。

**鐵絲**

有各種的粗細尺寸，示範內容使用 22 號和 24 號的鐵絲（①#22、②#24）。

**0.7mm 蠶絲線**

有彈性，串珠用。

**2mm 鋁線**

鶴的脖子零件。

**花蕊**

作為花蕊的材料，通常是整束一起販賣，有各種顏色。

## 金屬花蕊

作為花芯的金屬零件。

## 金屬零件

C 圈、T 針、9 針、 彈簧扣等金屬零件。

## 黑色膠帶

金具組裝時使用。

## 黑色緞帶

用於與金具組裝時使用，若配戴者非黑髮，則改用與髮色同色的緞帶。

## 梳子

用於梳整繡線。

## 三角盤

盛放零件，尤其是數量多的珠子。

## 金屬細棍

鐵絲繞形使用。

## 打火機

燒熔緞帶和繩了。

## 金具

各式金屬載具，依用途搭配完成的花朵。

## 珠子

作為花芯的材料，有各種尺寸和顏色。

## 平底鑽

作為花芯的材料，有各種尺寸和顏色。

## 鈴鐺

藤花尾端的墜飾材料，有各種尺寸和顏色。

## 水晶珠

藤花尾端的墜飾材料，有各種形狀、尺寸和顏色。

# 裁布的方式

Cut cloth

××× 

### ◈ 剪刀裁布法

1. 用厚紙板將本書附上的布片尺寸描下來，剪好正
方形紙型。

2. 紙型邊緣順著布紋擺放。（註：不可以擺斜的，切
出來的布片折起花瓣來容易歪斜。）

3. 筆尖貼齊紙型，在布上畫出正方形。

4. 取下紙型。

5. 用剪刀順著畫好的線剪下。

6. 剪下正方形布片。

## ◈ 輪刀裁布法

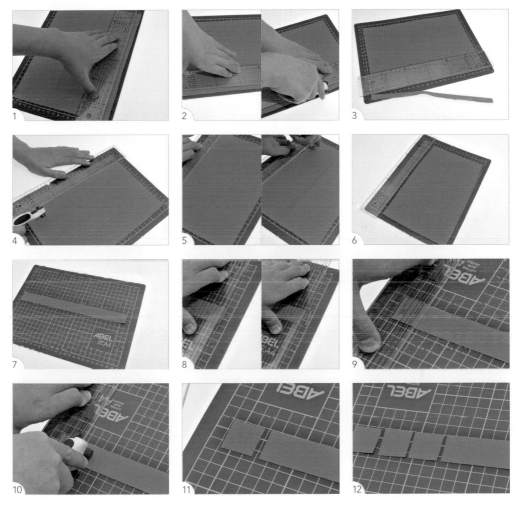

1. 將裁尺邊緣順著布紋擺放。

2. 用手壓牢裁尺,將輪刀刀片貼齊裁尺邊緣往前滑動。(註:刀片一定要貼齊裁尺邊緣,不然很容易滾到尺上切到手指。)

3. 滑動的力度不需要太大,若是布較厚不容易切斷可以多滑幾次,將布邊切下來。(註:不要一次性用力裁布,容易發生意外。)

4. 把布轉個方向,將裁尺上的刻度對齊切好的布邊。

5. 再次將刀片貼齊裁尺邊緣,往前滑動。(註:若是左撇子,布、裁尺、刀片的擺放方式則左右相反。)

6. 切下所需尺寸的布條。

7. 取下布條,橫放。

8. 將裁尺上垂直的刻度對齊布條邊緣,切掉布邊。

9. 把布轉個方向,將裁尺上的刻度對齊切好的布邊。

10. 將刀片貼齊裁尺邊緣,滑動裁切。

11. 切下正方形布片。

12. 重複步驟 9-11,切出同樣大小的布片。

# 底台製作的方式

Bottom table making

××××

## ◈ 平面圓形底台—無鐵絲 Ⅰ

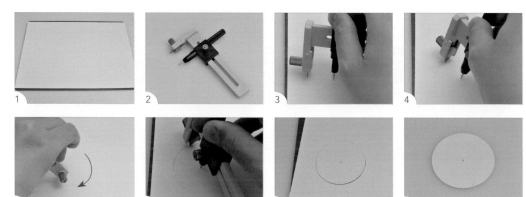

1. 底台使用 200 磅的白西卡。（註：也可以替換成其他顏色。）

2. 圓規刀：帶有刀片的圓規，可以輕鬆切割出完美的正圓形。

3. 將圓規刀打開需要的半徑固定後，針的那端刺入紙卡固定住。（註：底下需墊切割墊，或是其他有厚度、軟度的東西。）

4. 轉動圓規刀軸心，用刀片在紙卡上劃切出圓弧。

5. 軸心的針尖不動，繼續轉動。

6. 轉一整圈，切出 1 個完整的圓形。

7. 若是較厚的紙卡，刀片不容易切斷的時候，多轉幾圈切割，不要硬用力一刀割完。

8. 將圓形取出，完成基本的平面圓形底台。

## ◈ 平面圓形底台—無鐵絲 Ⅱ

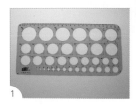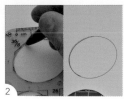

1. 圓洞尺：挖有各尺寸圓形的尺，可以直接在紙上描畫出需要尺寸的圓形。

2. 放在紙卡上用手壓住，筆尖順著圓形內框畫圓。

3. 用剪刀剪下。

4. 完成最基本的平面圓形底台。

# ◈ 平面圓形底台—有鐵絲

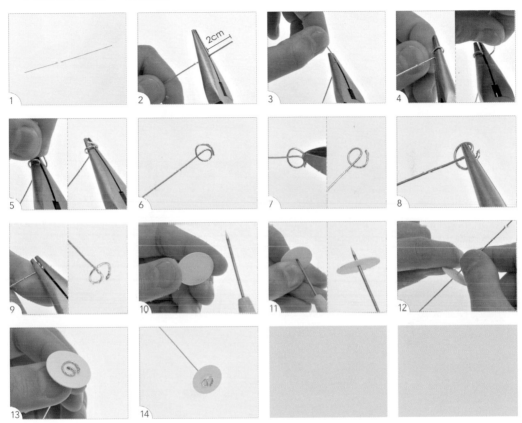

1. 使用 22 號的鐵絲。

2. 一端留下 2cm 凸出，用尖嘴鉗夾住。

3. 用手指或是另一把鉗子夾住凸出的鐵絲，凹摺。

4. 順著尖嘴鉗的弧度繞圈。

5. 將鐵絲繞回原點。

6. 將鐵絲取下。

7. 用斜口鉗剪掉多餘的鐵絲。

8. 用尖嘴鉗夾住鐵絲圈的一半。

9. 將直線的鐵絲凹摺 90 度。

10. 用錐子將平面圓形底台打洞。（註：平面圓形底台製作方法可參考 P.12 的無鐵絲 I。）

11. 從圓心刺入，整根穿過去。

12. 將凹摺好的鐵絲穿入圓心的洞。

13. 穿到底，鐵絲圈平貼紙卡。

14. 帶鐵絲的平面圓形底台，完成。（註：所有搭配沒有平台的金具的情況，都會需要用到加上鐵絲的底台。）

## ◈半球形底台—無鐵絲

1. 使用保麗龍球。（註：直徑依花形尺寸而定。）

2. 將球沿著赤道線的痕跡，對切成兩半。（註：保麗龍球因製程的關係，一定會有赤道線。）

3. 1個底台只需要半顆保麗龍球。

4. 沿半顆保麗龍球邊緣平行切下。（註：輕輕的切，同個位置多切幾次，不要強求一次切斷。）

5. 使用與切好的保麗龍球直徑一樣的圓形紙卡，2者1組。（註：圓形紙卡製作方法可參考 P.12 的無鐵絲 II。）

6. 在紙卡上膠。

7. 將紙卡和切好的保麗龍球底部黏在一起。

8. 在紙卡另一面上膠。

9. 黏在布片中央。

10. 留下一定的寬度，將布剪成圓形。

11. 在切好的保麗龍球表面的邊緣上一圈膠。

12. 將布翻摺起來，包住切好的保麗龍球。

13. 布的皺摺用剪刀沿著切好的保麗龍球表面修齊。

14. 完成半球形底台。（註：多層的花朵通常都會使用這種形狀的底台。）

## ◈ 半球形底台—有鐵絲

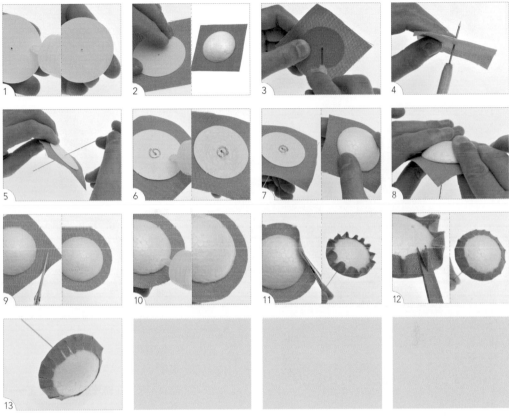

1. 在圓形紙卡上膠。（註：圓形紙卡製作方法可參考 P.12 的無鐵絲I。）

2. 黏在布片中央。

3. 從布的那一面，用錐子刺入圓心位置。

4. 將布連同紙卡一起刺穿。

5. 將凹好的鐵絲從紙卡那面穿入圓心的洞。

6. 在紙卡上面連同鐵絲圈一起塗上膠。

7. 黏上切好的保麗龍球。

8. 因為有突起物（鐵絲）的關係，用手指壓緊底台上下，將切好的保麗龍球確實與紙卡黏牢在一起。

9. 留下一定的寬度，將布剪成圓形。

10. 在切好的保麗龍球表面的邊緣上一圈膠。

11. 將布翻摺起來，包住切好的保麗龍球。

12. 布的皺摺用剪刀沿著切好的保麗龍球表面修齊。

13. 完成帶鐵絲的半球形底台。（註：多層的花朵在配合沒有平面金具的情況，就會使用這種形狀的底台。）

## ◈ 錐型底台

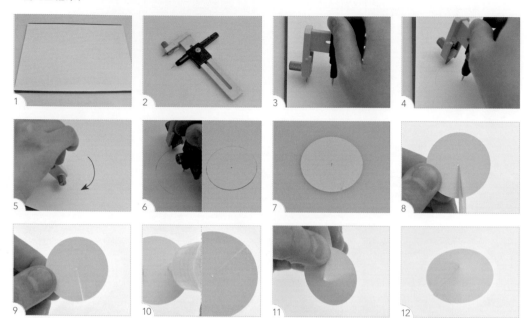

1. 底台使用 200 磅的白西卡。（註：也可以替換成其他顏色。）

2. 圓規刀：帶有刀片的圓規，可以輕鬆切割出完美的正圓形。

3. 將圓規刀打開需要的半徑固定後，針的那端刺入紙卡固定住。（註：底下需墊切割墊或是其他有厚度軟的東西。）

4. 轉動圓規刀軸心，用刀片在紙卡上劃切出圓弧。

5. 軸心的針尖不動，繼續轉動。

6. 轉一整圈，切出 1 個完整的圓形。（註：若是較厚的紙卡，刀片不容易切斷的時候，多轉幾圈切割，不要硬用力一刀割完。）

7. 將圓形取出，完成最基本的平面圓形底台。

8. 將平面的圓形底台朝圓心剪開。

9. 如圖，從邊緣朝向圓心，剪開一半。

10. 在切口邊緣塗上一點膠。

11. 將切口兩端的紙卡重疊黏成一個圓錐型，用手指捏緊。（註：重疊的角度依各花形章節，附帶的版型圖形標註。）

12. 完成錐型底台。

# 基礎花形
# 製作

## Basic flower production

基礎花形製作 01

# 圓形花瓣

Flower with round petals

❀ 工具材料

① 布 6 片（3.5cm×3.5cm）
② 圓形紙卡底台（∅1.8cm）
③ 圓形透明膠片（∅1.2cm）
④ 珠子 19 顆（∅3mm）

⑤ 0.7mm 蠶絲線
⑥ 手工藝小剪刀
⑦ 鑷子
⑧ 保麗龍膠

圓形花瓣
動態影片 QR code

❀ 布片尺寸

圓形透明膠片
（∅1.2cm）

圓形紙卡底台
（∅1.8cm）

布（3.5cm×3.5cm）

❀ 步驟說明

1 拿起 1 片布片，用鑷子夾住一角。

2 將布片沿對角線對摺成三角形。

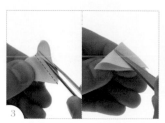

3 沿三角形的垂直中央線再次對摺。

4 用鑷子夾住三角形的正中間。

5 承步驟 4，以步驟 3 的摺線為中央線，將兩邊分別翻起對摺。

6 用鑷子夾仕。

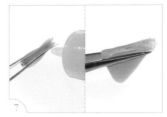

7 翻到背面，在布邊開口上膠。

8 待膠半乾。（註：觸摸時不黏手，但仍有軟度即可。）

9 用手指捏聚布邊。

10 用剪刀稍微修齊膠面。（註：若有線頭露出，須一起修掉。）

11 翻到正面，在尖端開口處上點膠。

12 待膠半乾後，修齊尖端。

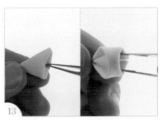

13 將花瓣尾端對摺處用鑷子撐開，使花瓣撐圓。

14 完成第 1 片花瓣。

15 重複步驟 1-13，將須製作的 6 片花瓣完成。

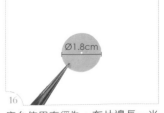

Ø1.8cm

16 底台使用直徑為，布片邊長一半的圓形紙卡。（註：圓形紙卡的做法可參考 P.12。）

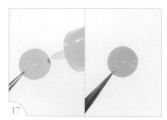

17 將底台上膠。

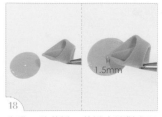

18 先黏 1 片花瓣，花瓣尖端對齊圓心，距離 1.5mm。

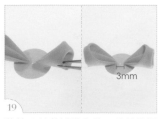

19 將第 2 片花瓣黏在第 1 片花瓣對面，2 片花瓣尖端間隔 3mm。

20 依序黏上第 3 片和第 4 片花瓣。

21 重複步驟20，將另一邊黏上花瓣。

22 將 6 片花瓣黏合，完成花朵本體。

23 將 12 顆珠子串進蠶絲線裡。

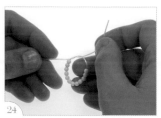

24 將蠶絲線打結。

25 承步驟24，將蠶絲線拉緊，將珠子結成 1 個大的珠珠圈。

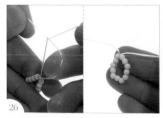

26 再打一個結後拉緊。

27 剪掉多餘的蠶絲線，完成大的珠珠圈。

28 將 6 顆珠子串進蠶絲線裡。

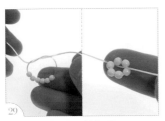

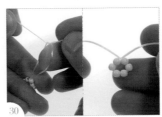

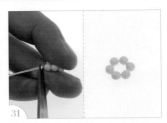

將蠶絲線打結,並拉緊。

再打一個結後拉緊。

剪掉多餘的蠶絲線,完成小的珠珠圈。

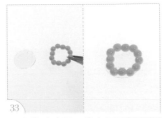

在圓形透明膠片上均勻塗上一層膠。(註:薄薄的一層即可,不要過多。)

取大的珠珠圈,黏在圓形透明膠片上。

取小的珠珠圈,黏在大的珠珠圈中間。

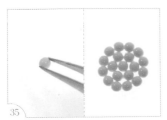

取剩下的 1 顆珠子放進中央,完成珠珠片。

在花朵中心處上膠。

將珠珠片放進花朵中心處,完成圓形花瓣。

小提醒　1 朵花的花瓣瓣數可以自由變化搭配,但最好不要少於 5 片花瓣。

# 尖形花瓣

Flower with sharp petals

## ❀ 工具材料

① 布 8 片（3.5cm×3.5cm）
② 圓形紙卡底台（∅ 1.8cm）
③ 圓形透明膠片（∅ 1.2cm）
④ 珠子 19 顆（∅3mm）
⑤ 0.7mm 蠶絲線

⑥ 手工藝小剪刀
⑦ 鑷子
⑧ 保麗龍膠

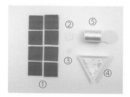

尖形花瓣
動態影片 QR code

## ❀ 布片尺寸

圓形透明膠片
（∅ 1.2cm）

圓形紙卡底台
（∅1.8cm）

布（3.5cm×3.5cm）

## ❀ 步驟説明

① 拿起 1 片布片，用鑷子夾住一角。

② 將布片沿對角線對摺成三角形。

③ 沿三角形的垂直中線再次對摺。

④ 夾住三角形的正中間。

承步驟 4，將三角形再次對摺。

用鑷子夾住。

翻到背面，在布邊開口上膠。

待膠半乾。（註：觸摸時不黏手，但仍有軟度即可。）

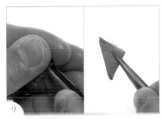

用手指捏緊布邊。

用剪刀稍微修齊膠面。（註：若有線頭露出，須一起修掉。）

翻到正面在尖端開口處上點膠。

待膠半乾後，修齊尖端。

將鑷子伸進斜邊的摺縫。

承步驟 13，穿過黏合的布邊。

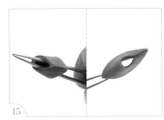

將布邊撐開 1/2，撐圓呈水滴形。

完成 1 片花瓣。

17 重複步驟 1-15，將須製作的 8 片花瓣完成。

18 底台使用直徑為，布片邊長一半的圓形紙卡。（註：圓形紙卡的做法可參考 P.12。）

19 朝圓心剪開一半。

20 在切口邊緣上點膠。

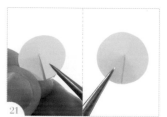

21 將切口兩端的紙卡重疊後，黏成一個錐型底台。

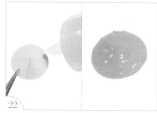

22 將底台上膠。

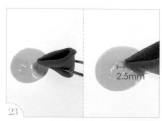

23 先黏 1 片花瓣，花瓣尖端對齊圓心，距離 2.5mm。

24 將第 2 片花瓣黏在第 1 片花瓣對面，2 片花瓣尖端間隔 5mm。

25 垂直方向黏上第 3 片花瓣。

第 4 片花瓣黏上後，呈現十字狀。

分別在間隔黏上剩下的花瓣。

重複步驟 27，將 8 片花瓣黏合，完成花朵本體。

將 12 顆珠子串進蠶絲線裡。

將蠶絲線打結。

再打一個結後拉緊。

剪掉多餘的蠶絲線。

完成大的珠珠圈。

將 6 顆珠子串進蠶絲線裡。

35 將蠶絲線打結，並拉緊。

36 再打一個結後拉緊。

37 剪掉多餘的蠶絲線。

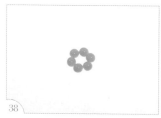

38 完成小的珠珠圈。

39 在圓形透明膠片上均勻塗上一層膠。（註：薄薄的一層即可，不要過多。）

40 取大的珠珠圈，黏在圓形透明膠片上。

41 取小的珠珠圈，黏在大的珠珠圈中間。

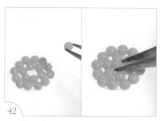

42 取剩下的 1 顆珠子放進中央。

43 完成珠珠片。

44 在花朵中心處上膠。

45 將珠珠片放進花朵中心處。

46 完成尖形花瓣。

 小提醒　1 朵花的花瓣瓣數可以自由變化搭配，但最好不要少於 6 片花瓣。

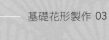

基礎花形製作 03

# 梅 花

Plum blossom

## ❀ 工具材料

① 布 5 片（3.5cm×3.5cm）
② 圓形透明膠片（Ø0.6cm）
③ 珠子 7 顆（Ø3mm）
④ 0.7mm 蠶絲線

⑤ 手工藝小剪刀
⑥ 鑷子
⑦ 保麗龍膠

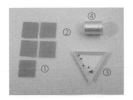

梅花動態影片
QR code

## ❀ 布片尺寸

圓形透明膠片
（Ø0.6cm）

布（3.5cm×3.5cm）

## ❀ 步驟説明

拿起 1 片布片，用鑷子夾住一角。

將布片沿對角線對摺成三角形。

沿三角形的垂直中線再次對摺。

用鑷子夾住三角形的正中間。

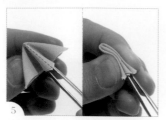

承步驟 4，以步驟 3 的摺線為中線，將兩邊分別翻起對摺。

用鑷子夾住。

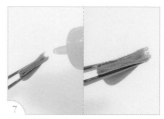

翻到背面，在布邊開口上膠。

待膠半乾後，用手指捏緊布邊。（註：觸摸時不黏手，但仍有軟度即可。）

用剪刀稍微修齊膠面。（註：若有線頭露出，須一起修掉。）

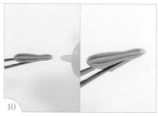

翻到正面，在尖端開口處上點膠。

待膠半乾後，修齊尖端。

將剪刀伸進後端的開口，剪開上膠的布邊。

將花瓣打開。

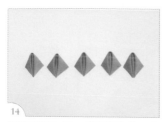

重複步驟 1-13，將須製作的 5 片花瓣完成。

花瓣翻到背面，並將上膠的外層布邊貼齊。

用鑷子夾緊。

17

將貼齊的布邊上少量膠。

18

在布邊的位置上膠即可,不要塗
到區域外。

19

待膠半乾後,用手指捏緊布邊。
(註:觸摸時不黏手,但仍有軟度
即可。)

20

如圖,2 片花瓣黏合。

21

翻到正面確認有無溢膠,2 片花
瓣只有底部布邊相黏。

22

重複步驟 15-21,將第 3 片花瓣
黏合。

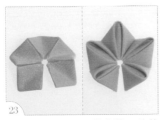

23

重複步驟 15-21,依序將 5 片花
瓣黏合。(註:右側為正面的樣
子。)

24

將第 5 片和第 1 片的布邊夾緊後,
上膠黏合。

25

如圖,黏合梅花花瓣。

26

翻到梅花正面。

27

將鑷子翻轉,使用圓形的尾端,
伸進花瓣中央凹陷處。

28

承步驟 27,用手指輕壓外側,將
花瓣撐圓。

29 重複步驟 27-28，將 5 片花瓣都撐圓，完成梅花本體。

30 將 6 顆珠子串進蠶絲線裡。

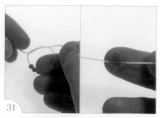
31 將蠶絲線打結成一個圈。

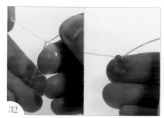
32 再打一個結後拉緊。

33 剪掉多餘的蠶絲線，完成珠珠圈。

34 在圓形透明膠片上均勻塗上一層膠。（註：薄薄的一層即可，不要過多。）

35 取珠珠圈，黏在圓形透明膠片上。

36 取剩下的 1 顆珠子放進珠珠圈的中央。

37 完成珠珠片。

38 在梅花中心處上膠。

39 將珠珠片放進梅花中心處。

40 完成梅花。

 小提醒　同樣的做法可以繼續增加花瓣數，但 1 朵花的花瓣絕對不能少於 5 片花瓣。

# 菱形花瓣

Flower with diamond petals

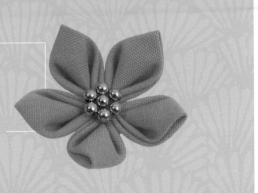

## ❀工具材料

① 布 5 片（3.5cm×3.5cm）
② 圓形紙卡底台（Ø1.2cm）
③ 圓形透明膠片（Ø0.6cm）
④ 珠子 7 顆（Ø3mm）
⑤ 0.7mm 蠶絲線

⑥ 手工藝小剪刀
⑦ 鑷子
⑧ 保麗龍膠

菱形花瓣
動態影片 QR code

## ❀布片尺寸

圓形透明膠片
（Ø0.6cm）

圓形紙卡底台
（Ø1.2cm）

布（3.5cm×3.5cm）

## ❀步驟説明

拿起 1 片布片，用鑷子夾住一角。

將布片沿對角線對摺成三角形。

沿三角形的垂直中線再次對摺。

夾住三角形的正中間。

5 將三角形再次對摺。

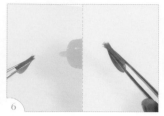

6 用鑷子夾住花瓣，在布邊開口上膠。

7 待膠半乾。（註：觸摸時不黏手，但仍有軟度即可。）

8 用手指捏緊布邊。

9 用剪刀稍微修齊膠面。（註：若有線頭露出，須一起修掉。）

10 翻到正面在尖端開口處上點膠。

11 待膠半乾後，修齊尖端。

12 將剪刀伸進尖端中央縫隙，將布邊剪開一半。

13 如圖，剪開靠尖端的一半。

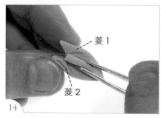

菱1
菱2

14 剪開的兩片（菱1、菱2）往上翻摺。

菱3

15 左右兩片（菱1、菱2）夾住中間（菱3），不要讓布邊露出。

16 用鑷子夾住，翻到背面，在底部上膠。

17 待膠半乾。（註：觸摸時不黏手，但仍有軟度即可。）

18 用手指捏緊布邊。

19 翻到正面在尖端開口處上點膠。

20 捏緊尖端開口處。

21 完成第 1 片花瓣。

22 重複步驟 1-20，將須製作的 5 片花瓣完成。

23 將底台上膠。（註：圓形紙卡的做法可參考 P.12。）

24 先黏 1 片花瓣，將花瓣尖端對齊圓心。

25 將第 2 片花瓣黏在第 1 片花瓣對面偏一點。

26 黏上第 3 片花瓣。

27 依序黏上第 4 片和第 5 片花瓣。

28 將 5 片花瓣黏合，完成花朵本體。

29 將 6 顆珠子串進蠶絲線裡。

30 將蠶絲線打結。

31 承步驟 30，拉緊成一個圈。

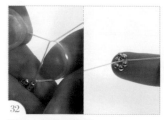

32 再打一個結後拉緊。

33 剪掉多餘的蠶絲線，完成珠珠圈。

34 在圓形透明膠片上均勻塗上一層膠。（註：薄薄的一層即可，不要過多。）

35 取珠珠圈，黏在圓形透明膠片上。

36 將剩下的 1 顆珠子放進珠珠圈的中央。

37 完成珠珠片。

38 在花朵中心處上膠。

39 將珠珠片放進花朵中心處。

40 完成菱形花瓣。

# 製作葉子

## Leaf making

### 🌸 步驟説明

### 🌸 工具材料

① 布

② 鑷子　　④ 保麗龍膠
③ 牙籤　　⑤ 手工藝小剪刀

### ❊ 圓形葉子

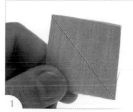

拿起 1 片布片。

將布片沿對角線對摺成三角形。

沿三角形的垂直中央線再次對摺。

用鑷子夾住三角形正中間，將兩邊分別翻起對摺。

用鑷子夾住，翻到背面，在布邊開口上膠。

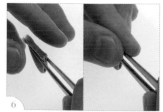

待膠半乾後，用手指捏緊布邊。（註：觸摸時不黏手，但仍有軟度即可。）

用剪刀稍微修齊膠面。（註：若有線頭露出，須一起修掉。）

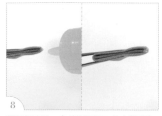

翻到正面，在尖端開口處上點膠。

35

待膠半乾後，修齊尖端。　　用鑷子夾住葉子外緣往內翻，將　　完成圓形葉子
　　　　　　　　　　　　　葉子翻圓。

❀ 三合一圓形葉子

將 1 片圓形葉子右側上膠。　　取第 2 片圓形葉子，在左側上膠。　　將 2 片圓形葉子的尖端對齊靠在
　　　　　　　　　　　　　　　　　　　　　　　　　一起。

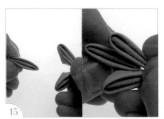  

取第 3 片圓形葉子，尖端稍微往　　用手指捏緊上膠的位置。　　用鑷子夾住葉子外緣往內翻，將
下，夾在第 1 片和第 2 片的葉子　　　　　　　　　　　　　　葉子翻圓。
中間。

　　　　　　　　　　　　　　　❀ 有尖角的圓形葉子

 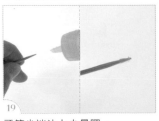 

完成三合一圓形葉子。　　牙籤尖端沾上少量膠。　　在圓形葉子弧形內緣的正中央塗
　　　　　　　　　　　　　　　　　　　　　　　　上膠。

21 用鑷子夾緊外緣的正中央，捏出尖角。

22 完成有尖角的圓形葉子。

23 重複步驟 12-22，可製成三合一有尖角的圓形葉子。

※ 尖形葉子

24 拿起 1 片布片。

25 將布片沿對角線對摺成三角形。

26 沿三角形的垂直中線再次對摺。

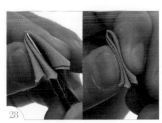

27 夾住三角形的正中間。

28 將三角形再次對摺。

29 用鑷子夾住，翻到背面，在布邊開口上膠。

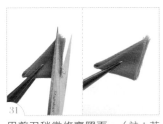
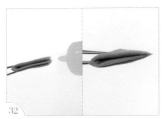

30 待膠半乾後，用手指捏緊布邊。（註：觸摸時不黏手，但仍有軟度即可。）

31 用剪刀稍微修齊膠面。（註：若有線頭露出，須一起修掉。）

32 翻到正面在尖端開口處上點膠。

待膠半乾後，修齊尖端。 用鑷子伸進斜邊摺縫並撐開中央。 完成尖形葉子。

※ 二合一尖形葉子

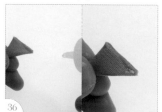

將 1 片尖形葉子一側上膠。 黏上另 1 片尖形葉子。 完成二合一尖形葉子。

※ 外翻的尖形葉子

先重複步驟 24-33，再用鑷子捏緊上膠的位置。 翻到背面。 捏住葉片的外端，將正面翻摺到背面。

完成外翻的尖形葉子。（註：注意底部在翻的過程不能散開。） 各種葉子均可任意變化組合。

# 02

×

# 衍生花形
製作

## Derived flower production

衍生花形製作 01

# 雙層
# 尖形花瓣

Double of sharp petals

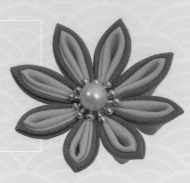

## 🌸 工具材料

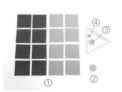

① 布 8+8 片（3.5cm×3.5cm）　⑤ 手工藝小剪刀

② 圓形紙卡底台（Ø1.8cm）　⑥ 鑷子

③ 金屬花蕊　⑦ 保麗龍膠

④ 珠子（Ø8mm）

## 🌸 布片尺寸

圓形紙卡底台
（Ø1.8cm）

布（3.5cm×3.5cm）

## 🌸 步驟說明

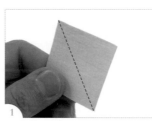

1

雙層的二色裡，先拿起 1 片內層
顏色布片。

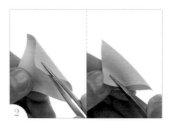

2

用鑷子夾住一角，將布片沿對角
線對摺成三角形。

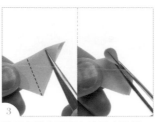

3

沿三角形的垂直中線再次對摺。

4

內層摺到這步後用空手捏住。

拿起 1 片外層顏色布片。

用鑷子夾住一角,將布片沿對角線對摺成三角形。

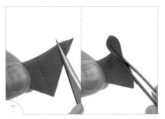

沿三角形的垂直中線再次對摺。

外層對摺到這步暫停。

將二色三角形重疊。

內層疊在外層上面。

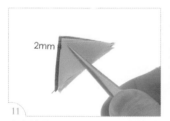

直角邊緣留下 2mm,不要完全遮住,用鑷子夾住三角形的正中間。

將二層三角形一起,再次對摺。

用鑷子夾住翻到側面,將露出的內層布沿外層底端修剪掉。

用鑷子夾住翻到背面,在布邊開口上膠。

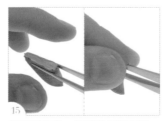

待膠半乾後,用手指捏緊布邊。
(註:觸摸時不黏手,但仍有軟度即可。)

翻到正面,在尖端上點膠。

用剪刀稍微修齊尖端。（註：若有內層布凸出，修剪至與外層平頭。）

完成 1 片花瓣。

重複步驟 1-18，將須製作的 8 片花瓣完成。

使用的底台為直徑 1.8cm 的圓形紙卡。（註：圓形紙卡的做法可參考 P.12。）

朝圓心剪開一半。

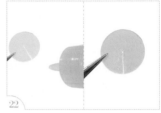

在切口邊緣上點膠。

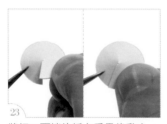

將切口兩端的紙卡重疊後黏合。

黏成一個錐型底台。

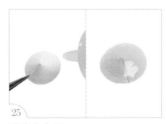

將底台上膠。

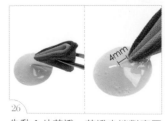

先黏 1 片花瓣，花瓣尖端對齊圓心，距離圓心 4mm。

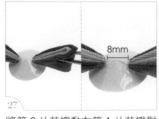

將第 2 片花瓣黏在第 1 片花瓣對面，2 片花瓣尖端間隔 8mm。

垂直方向黏上第 3 片花瓣。

29 第4片花瓣黏上後，呈現十字狀。

30 分別在間隔黏上剩下的花瓣。

31 重複步驟30，將8片花瓣黏合，完成花朵本體。

32 在花朵中心處上膠。

33 將金屬花蕊放進花朵中心處。

34 在金屬花蕊中心上點膠。

35 將珠子放進金屬花蕊中心。

36 完成雙層尖形花瓣。

小提醒 同樣的做法可變化成三層、四層等等，但花朵越多層的情況，最好使用越薄的布。

衍生花形製作 02

# 雙層梅花

## Double of plum blossom

### 🌸 工具材料

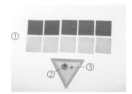

① 布 5+5 片（3.5cm×3.5cm）　④ 手工藝小剪刀

② 金屬花蕊　　　　　　　　　⑤ 鑷子

③ 珠子（∅8mm）　　　　　　⑥ 保麗龍膠

### 🌸 布片尺寸

布（3.5cm×3.5cm）

### 🌸 步驟說明

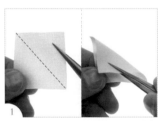

取內層顏色的布片，用鑷子將布片沿著對角線對摺成三角形。

內層摺到這步後用空手捏住。

取外層顏色的布片，用鑷子將布片沿著對角線對摺成三角形。

外層對摺到這步暫停。

外層疊上內層，二色三角形重疊。

直角邊緣留下 2mm 不要完全遮住。

用鑷子夾住二層三角形。

將二層三角形一起,再次對摺。

外層露出 2mm 的寬度。(註:若在摺的時候位置偏移,摺完後再稍微調整即可。)

用鑷子夾住內層三角形的中間。

用鑷子夾住內層三角形的中間,將二層布的兩邊分別翻起對摺。

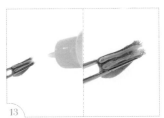

承步驟 11,將內層的布摺邊與外層貼齊。(註:注意不要讓內層的布摺邊凸出。)

用鑷子夾住,翻到背面,並在布邊開口均勻沾上膠。(註:膠量可稍微多一點,並確認無氣泡。)

待膠半乾後,用手指捏緊布邊。(註:觸摸時不黏手,但仍有軟度即可。)

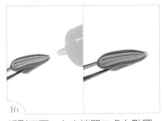

用剪刀稍微修齊膠面。(註:若有內層布露出,須一起修掉。)

翻到正面,在尖端開口處上點膠。

待膠半乾後,修齊尖端。

18 將剪刀伸進後端的開口正中間，剪開上膠的布邊。（註：不要剪到內層布。）

19 將花瓣打開。（註：左右二邊各自的內外層不能分離。）

20 完成 1 片花瓣。

21 重複步驟 1-19，將須製作的 5 片花瓣完成。

22 將花瓣翻到背面，並將上膠的外層布邊貼齊。

23 用鑷子夾緊。

24 在貼齊的布邊上少量膠。

25 待膠半乾後，用手指捏緊布邊。（註：觸摸時不黏手，但仍有軟度即可。）

26 2 片花瓣黏合完成。（註：正面的接縫處不能露出內層布。）

27 重複步驟 22-23，夾住第 2 片和第 3 片花瓣。

28 在第 2 片和第 3 片花瓣貼齊的布邊上膠。

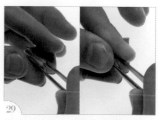

29 待膠半乾後，用手指捏緊布邊。（註：觸摸時不黏手，但仍有軟度即可。）

30

第 3 片花瓣黏合完成。

31

重複步驟 22-25，將 5 片花瓣黏合。

32

翻到正面。（註：布比較厚、多層或多瓣時，花中心中央會出現無法閉合的小洞，只要小於花蕊即可。）

33

使用鑷子的圓形尾端。

34

承步驟 33，伸進內層布中央凹陷處。

35

承步驟 34，用手指輕壓外側，將花瓣撐圓。

36

重複步驟 33-35，將 5 片花瓣都撐圓，完成梅花本體。

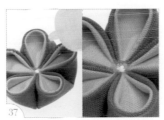

37

在梅花中心處上膠。

38

將金屬花蕊放進梅花中心處。

39

在金屬花蕊中心上點膠。

40

將珠子放進金屬花蕊中心。

41

完成雙層梅花。

小提醒　同樣的做法可變化成三層、四層等等，但布的厚薄在不同情況下，最厚的必須擺在最外層。

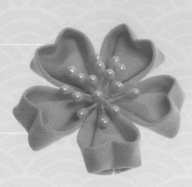

衍生花形製作 03

# 單層櫻花

Cherry blossoms

## ❀工具材料

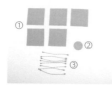

① 布 5 片（3.5cm×3.5cm）
② 圓形紙卡底台（∅1.8cm）
③ 花蕊 8 根

④ 手工藝小剪刀
⑤ 鑷子
⑥ 保麗龍膠
⑦ 調色盤

⑧ 糨糊
⑨ 水
⑩ 水彩筆

## ❀布片尺寸

布（3.5cm×3.5cm）

圓形紙卡底台
（∅1.8cm）

## ❀步驟説明

拿起 1 片布片，用鑷子夾住一角。

將布片沿對角線對摺成三角形。

沿三角形的垂直中線再次對摺。

用鑷子夾住三角形的正中間，以
步驟 3 的摺線為中央線，將兩邊
分別翻起對摺。

用鑷子夾住，翻到背面，在布邊開口上膠。

待膠半乾後，用手指捏緊布邊。（註：觸摸時不黏手，但仍有軟度即可。）

用剪刀稍微修齊膠面。（註：若有線頭露出，須一起修掉。）

翻到正面，在尖端開口處上點膠。

待膠半乾後，修齊尖端。

將花瓣尾端對摺處用鑷子撐開，使花瓣撐圓。

在花瓣尾端撐開的空洞裡上膠。（註：不要過多，可塗均勻即可。）

承步驟11，捏緊上膠處。

如圖，將底部空洞整個黏平。

取出適量糨糊。

糨糊比水的比例約2：1。（註：比例可依個人喜好及氣溫調整。）

將糨糊和水混合均勻。

17
用水彩筆刷在花瓣弧形的位置。

18
糨糊水必須滲透進布裡。（註：打濕的區域顏色會比乾的地方稍微變深一點。）

19
等待至 7 成乾。（註：變深的區域回復到原本的顏色，但還沒有全面硬化的狀態。）

20
捏住花瓣弧形正中央的位置，往內側方向凹入。

21
用鑷子夾住，捏出內尖角。

22
如圖，內外尖角的相對距離位置。

23
依照上圖所示，距離中央內尖角 5mm 的位置捏出外尖角。

24
重複步驟 23，另一側 5mm 處捏出對稱的外尖角。

25
完成 1 片花瓣。

26
重複步驟 1-25，將須製作的 5 片花瓣完成。

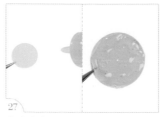

27
將底台上膠。（註：圓形紙卡的做法可參考 P.12。）

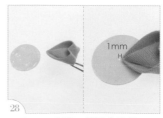

28
先黏 1 片花瓣，花瓣尖端對齊圓心，距離圓心 1mm。

將第 2 片花瓣黏在第 1 片花瓣對面偏一點的位置。

緊貼黏上第 3 片花瓣，兩邊花瓣尖端間隔 2mm。

依序黏上第 4 片花瓣。

承步驟 31，將第 5 片花瓣黏上，完成花朵本體。

全部花蕊的頭剪下 1cm。

在花朵中心處上膠。

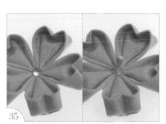

待膠半乾，將剪下的花蕊插進花朵中心處。

完成單層櫻花。

# 雙層櫻花

Double of cherry blossoms

## ❀ 工具材料

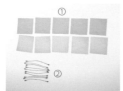

① 布 5+5 片（3.5cm×3.5cm）

② 花蕊 10 根

③ 手工藝小剪刀

④ 鑷子

⑤ 保麗龍膠

⑥ 牙籤

## ❀ 布片尺寸

布（3.5cm×3.5cm）

## ❀ 步驟說明

1

雙層的二色裡，先拿起 1 片內層顏色布片。

2

用鑷子夾住一角，將布片沿對角線對摺成三角形後，用空手捏住。

3

拿起 1 片外層顏色布片。

4

用鑷子夾住一角，將布片沿對角線對摺成三角形。

5

外層疊上內層，二色三角形重疊。

直角邊緣留下 2mm，不要完全遮住。

用鑷子將二層三角形一起夾住。

將二層三角形一起，再次對摺。

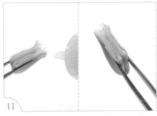

外層露出 2mm 的寬度。（註：若在摺的時候位置偏移，摺完後再稍微調整即可。）

用鑷子夾住內層三角形的中間，將二層布的兩邊分別翻起對摺。

用鑷子夾住翻到背面，在布褶開口上膠。

待膠半乾後，用手指捏緊布邊。（註：觸摸時不黏手，但仍有軟度即可。）

用剪刀稍微修齊膠面。（註：若有內層布露出，須一起修掉。）

翻到正面，在尖端開口處上點膠。

待膠半乾後，修齊尖端。

將剪刀伸進後端的開口正中間，剪開上膠的布邊。

將花瓣打開。

18 完成 1 片花瓣。

19 重複步驟 1-17，將須製作的 5 片花瓣完成，並兩兩相黏，完成花朵本體。（註：花瓣黏合的做法可參考 P.28 步驟 15-24。）

20 將花朵翻到正面，用鑷子的圓形尾端將花瓣撐圓。

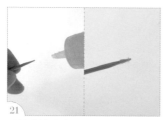

21 牙籤尖端沾上少量膠。

22 如圖，需要上膠的 5 個位置。

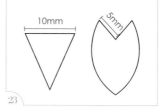

23 如圖，內外尖角的相對距離。

24 照步驟 22 標示的位置，將牙籤插入距離正中央 5mm 的內外夾層位置 1 塗上膠。

25 承步驟 24，用鑷子夾住，捏出外尖角。

26 在右邊的位置 2 塗上膠。

27 承步驟 26，用鑷子夾住，捏出另一個外尖角。

28 如圖，將水滴形花瓣捏成等腰三角形。

29 在位置 3 內層布裏側塗上膠。

30 承步驟 29，用鑷子夾住，加強尖角形狀。

31 如圖，兩層上膠可以讓花瓣的尖角形狀更加明顯。（註：如果使用很薄的布，可以省略一層膠。）

32 在位置 4 內層布裏側上膠。

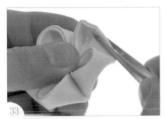

33 承步驟 32，用鑷子夾住，加強尖角形狀。

34 如圖，等腰三角形的尖角更加銳利。

35 稍微撐開花瓣弧形正中央位置的兩層布。

36 用牙籤伸進去位置 5 塗上膠。

37 用鑷子尖端夾住花瓣弧形正中央位置的兩層布。

38 往內側方向凹入。

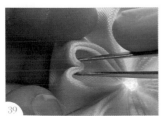

39 用鑷子夾住，捏出內尖角。

40 完成 1 片花瓣。

41 重複步驟 24-39，將 5 片花瓣的內外尖角完成。

花蕊剪下 1.3cm。

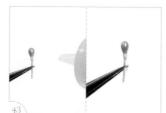

在花蕊的側面塗上一點膠。

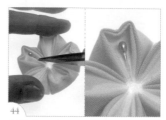

將花蕊平躺的黏進花瓣中央。

重複步驟 42-44，將 5 根花蕊黏貼完成。

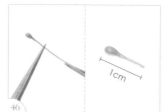

剩餘的花蕊剪下 1cm。

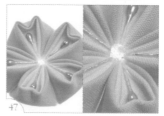

在花朵中心處上膠。

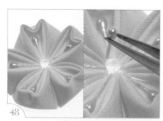

將 1cm 的花蕊插進花朵中心處。

注意不要撞歪已黏好的 5 根長花蕊。

將剩餘的花蕊插進花朵中心，完成雙層櫻花。

衍生花形製作 05

# 桔梗

Campanulaceae

## 🏵 工具材料

① 布 5 片（3.5cm×3.5cm）　④ 手工藝小剪刀　⑦ 牙籤

② #22 鐵絲（10cm）　⑤ 鑷子　⑩ 斜口鉗

③ 花蕊 6 根　⑥ 保麗龍膠

## 🏵 布片尺寸

布（3.5cm×3.5cm）

## 🏵 步驟説明

1　拿起 1 片布片，用鑷子夾住一角。

2　將布片沿對角線對摺成三角形。

3　沿三角形的垂直中線再次對摺。

4　用鑷子夾住三角形的正中間。

5　以步驟 3 的摺線為中線，將兩邊分別翻起對摺。

用鑷子夾住，翻到背面，在布邊開口上膠。

待膠半乾後，用手指捏緊布邊。（註：觸摸時不黏手，但仍有軟度即可。）

用剪刀稍微修齊膠面。（註：若有線頭露出，須一起修掉。）

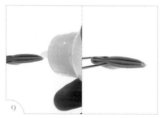

翻到正面，在尖端開口處上點膠。

待膠半乾後，修齊尖端。

將剪刀伸進後端的開口，剪開上膠的布邊。

將花瓣打開，重複步驟 1-12，將 5 片花瓣完成。

花瓣背面上膠的布邊兩兩靠近，黏合。

重複步驟 13，將 5 片花瓣黏合。

用鑷子尾端將花瓣撐圓。

牙籤尖端沾少量的膠。

在花瓣弧度正中央內側的位置塗上一點膠。

承步驟 17，用鑷子捏出尖角。

重複步驟 16-18，依序將花瓣捏成尖角。

重複步驟 16-18，將 5 片花瓣的尖角完成。

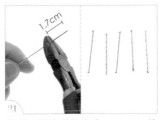

用斜口鉗將鐵絲剪成 1.7cm，共完成 5 根。

鐵絲整根一側沾上少量白膠。

從花瓣正面凹洞處黏進去，兩端對準捏出的尖角與花中心。

鐵絲一端抵住花中心，另一端不要碰到尖角。

重複步驟 22-24，將 5 根鐵絲黏合完成。

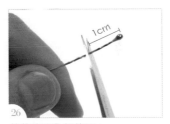

花蕊的頭全部剪下 1cm。

在花中心處上膠。

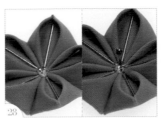

待膠半乾，將剪下的花蕊一根根插進花中心處。

完成桔梗。

衍生花形製作 06

# 雛菊

Daisy

## 🏵 工具材料

① 布 8 片（3.5cm×3.5cm）
② 圓形紙卡底台（∅1.8cm）
③ 花蕊 10 根
④ 手工藝小剪刀
⑤ 鑷子
⑥ 保麗龍膠
⑦ 牙籤

## 🏵 布片尺寸

布（3.5cm×3.5cm）

圓形紙卡底台
（∅1.8cm）

## 🏵 步驟説明

拿起 1 片布片，用鑷子夾住一角。

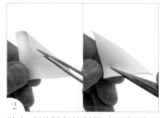

將布片沿對角線對摺成三角形。

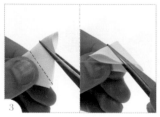

沿三角形的垂直中線再次對摺。

用鑷子夾住三角形的正中間。

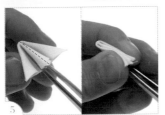

以步驟 3 的摺線為中線,將兩邊分別翻起對摺。

用鑷子夾住,翻到背面在布邊開口上膠。

待膠半乾後,用手指捏緊布邊。（註:觸摸時不黏手,但仍有軟度即可。）

用剪刀稍微修齊膠面。（註:若有線頭露出,須一起修掉。）

翻到正面,在尖端開口處上點膠。

待膠半乾後,修齊尖端。

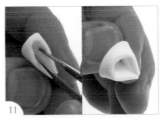

把花瓣尾端對摺處用鑷子撐開。

承步驟 11,將花瓣撐圓。

牙籤尖端沾上少量的膠。

在花瓣弧度正中央外側的位置塗上一點膠。

從花瓣內側夾緊中央,捏出朝內的尖角。

承步驟 15,捏住尖角,並往花瓣尖端方向拉。

17 如圖，呈現狹長愛心形，完成 1 片花瓣。

18 如圖，花瓣尾端也會有個愛心形。

19 重複步驟 1-16，將須製作的 8 片花瓣完成。

20 底台使用直徑為布片邊長一半的圓形紙卡。（註：圓形紙卡的做法可參考 P.12。）

21 朝圓心剪開一半。

22 在切口邊緣上點膠。

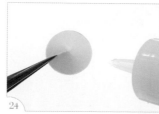

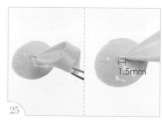

23 將切口兩端的紙卡重疊後，黏成一個錐型底台。

24 將底台上膠。

25 先黏 1 片花瓣，花瓣尖端對齊圓心，距離 1.5mm。

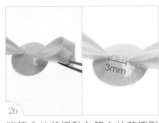

26 將第 2 片花瓣黏在第 1 片花瓣對面，2 片花瓣尖端間隔 3mm。

27 承步驟 26，依序黏上花瓣，一邊1 片。

28 承步驟 27，先黏出十字形狀。

29 將剩下的花瓣分別黏在 2 片花瓣的中間。

30 重複步驟 29，將 8 片花瓣黏合，完成花朵本體。

31 全部花蕊的頭剪下 1cm。

32 在花中心處上膠。

33 待膠半乾，將剪下的花蕊插進花中心。

34 重複步驟 33，將剩餘的花蕊插進花中心，完成雛菊。

衍生花形製作 07

# 多重
# 梅菊花

Multiple of plum sharp

## ❀ 工具材料

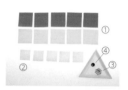

① 布二色各 5 片（3.5cm×3.5cm）
② 布 5 片（2.5cm×2.5cm）
③ 金屬花蕊
④ 平底鑽

⑤ 手工藝小剪刀
⑥ 鑷子
⑦ 保麗龍膠
⑧ 手縫線

⑨ 手縫針

## ❀ 布片尺寸

布（3.5cm×3.5cm）

布（2.5cm×2.5cm）

## ❀ 步驟說明

1 拿起 1 片 3.5cm 布片，用鑷子夾住一角。

2 將布片沿對角線對摺成三角形。

3 沿三角形的垂直中線再次對摺。

4 用鑷子夾住三角形的正中間。

5 以步驟 3 的摺線為中線，將兩邊分別翻起對摺。

用鑷子夾住，翻到背面在布邊開口上膠。

待膠半乾後，用手指捏緊布邊。（註：觸摸時不黏手，但仍有軟度即可。）

用剪刀稍微修齊膠面。（註：若有線頭露出，須一起修掉。）

翻到正面在尖端開口處上點膠，待膠半乾後，修齊尖端。

將剪刀伸進後端的開口，剪開上膠的布邊。

將花瓣打開，重複步驟1-11，將須製作的5片梅花花瓣完成。

拿起1片3.5cm布片，用鑷子夾住一角。

將布片沿對角線對摺成三角形。

沿三角形的垂直中線再次對摺。

夾住三角形的正中間，將三角形再次對摺。

用鑷子夾住翻到背面，在布邊開口上膠。

待膠半乾後，用手指捏緊布邊。（註：觸摸時不黏手，但仍有軟度即可。）

18

翻到正面，在尖端開口處上點膠。

19

用剪刀稍微修齊尖端。（註：若有線頭露出，須一起修掉。）

20

重複步驟 12-19，將須製作的 5 片尖形花瓣完成。

21

拿出 2 片梅花花瓣夾住 1 片尖形花瓣。

22

從花瓣背面，將 3 片用鑷子夾住。

23

在夾住的布邊位置上膠。

24

待膠半乾後，用手指捏緊布邊。

25

如圖，3 片花瓣黏合完成。

26

如圖，正面的樣子。

27

一邊的花瓣繼續黏上梅花花瓣和尖形花瓣。

28

依照間隔的方式排列。

29

重複步驟 27-28，將全部的 5 片梅花花瓣和 5 片尖形花瓣黏合。

30 翻到正面，將鑷子尾端伸進梅花瓣中間，使花瓣撐圓。

31 手縫針穿線。

32 把手縫針從梅花花瓣裡面的一側戳入，穿透尖形花瓣。

33 承步驟 32，從隔壁的梅花花瓣出來，位置距離花中央 1cm。

34 承步驟 33，將手縫線打兩個結後拉緊。

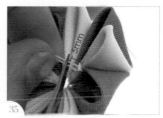

35 將手縫線線頭留下 5mm，多餘的剪掉。

36 在打結的位置向花中央塗上少量的膠。

37 把留下的線頭與花朵黏合。

38 重複步驟 32-37，將 5 個位置的縫線完成。

39 拿起 1 片 2.5cm 布片，用鑷子夾住一角。

40 將布片沿對角線對摺成三角形。

41 沿三角形的垂直中線再次對摺。

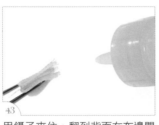

42 用鑷子夾住三角形的正中間，將兩邊分別翻起對摺。

43 用鑷子夾住，翻到背面在布邊開口上膠。

44 待膠半乾，用手指捏緊布邊後，用剪刀稍微修齊膠面。

45 翻到正面在尖端開口處上點膠。

46 待膠半乾後，修齊尖端。

47 將剪刀伸進後端的開口，剪開上膠的布邊。

48 將花瓣打開。

49 重複步驟 39-48，將須製作的 5 片花瓣完成後，黏合成第一層梅花。（註：花瓣黏合的做法可參考 P.28 步驟 15-24。）

50 用鑷子尾端將花瓣撐圓。

翻到背面，在花瓣接合處的 5 條位置上膠。

翻回正面，與步驟 38 完成的第二層梅菊花黏合。

從上方黏進第二層梅菊花。

如圖，第一層梅花要蓋住第二層的縫線。

在花朵中心處上膠。

將金屬花蕊放進花朵中心處。

在金屬花蕊中央上膠。

將平底鑽放進金屬花蕊中央。

完成多重梅菊花。

衍生花形製作 08

# 重梅

Multiple of plum blossoms

## ❀工具材料

① 布 5 片（4.5cm×4.5cm）
② 布 5 片（3.5cm×3.5cm）
③ 布 5 片（2.5cm×2.5cm）
④ 金屬花蕊
⑤ 珠子（Ø8mm）

⑥ 手工藝小剪刀
⑦ 鑷子
⑧ 保麗龍膠

## ❀布片尺寸

| 布（4.5cm×4.5cm） |
| --- |
| 布（3.5cm×3.5cm） |
| 布（2.5cm×2.5cm） |

## ❀步驟說明

1 拿起 1 片 4.5cm 的布片，用鑷子夾住一角。

2 將布片沿對角線對摺成三角形。

3 沿三角形的垂直中線再次對摺。

70

4
用鑷子夾住三角形的正中間。

5
將兩邊分別翻起對摺。

6
用鑷子夾住。

7
翻到背面，在布邊開口上膠。

8
待膠半乾後，用手指捏緊布褶。
（註：觸摸時不黏手，但仍有軟度
即可。）

9
用剪刀稍微修齊膠面。（註：若
有線頭露出，須一起修掉。）

10
翻到正面，在尖端開口處上點膠。

11
待膠半乾後，修齊尖端。

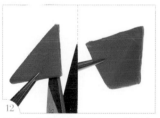

12
將剪刀伸進後端的開口，剪開上
膠的布邊。

13
將花瓣打開。

14
重複步驟 1-13，將須製作的 5 片
花瓣完成後黏合。（註：花瓣黏合
的做法可參考 P.28 步驟 15-24。）

15
翻到正面，用鑷子尾端將花瓣撐
圓，完成 4.5cm 的花朵。

16 拿起 1 片 3.5cm 的布片，用鑷子夾住一角。

17 將布片沿對角線對摺成三角形。

18 沿三角形的垂直中線再次對摺。

19 用鑷子夾住三角形的正中間。

20 將兩邊分別翻起對摺。

21 用鑷子夾住。

22 翻到背面，在布邊開口上膠。

23 待膠半乾後，用手指捏緊布邊。（註：觸摸時不黏手，但仍有軟度即可。）

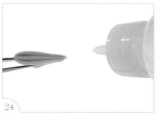

24 翻到正面在尖端開口處上點膠。

25 待膠半乾後，修齊尖端。

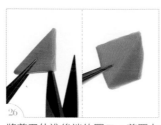

26 將剪刀伸進後端的開口，剪開上膠的布邊。

27 將花瓣打開。

72

28

重複步驟 16-27，將須製作的 5 片花瓣完成後黏合。（註：花瓣黏合的做法可參考 P.28 步驟 15-24。）

29

翻到正面，用鑷子尾端將花瓣撐圓，完成 3.5cm 的花朵。

30

拿起 1 片 2.5cm 的布片，用鑷子夾住一角。

31

將布片沿對角線對摺成三角形。

32

沿三角形的垂直中線再次對摺。

33

用鑷子夾住三角形的正中間。

34

將兩邊分別翻起對摺。

35

用鑷子夾住。

36

翻到背面，在布邊開口上膠。

37

待膠半乾後，用手指捏緊布邊。（註：觸摸時不黏手，但仍有軟度即可。）

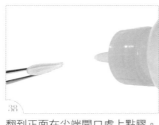

38

翻到正面在尖端開口處上點膠。

39

待膠半乾後，修齊尖端。

40

將剪刀伸進後端的開口，剪開上膠的布邊。

41

將花瓣打開。

42

重複步驟 30-41，將須製作的 5 片花瓣完成後黏合。（註：花瓣黏合的做法可參考 P.28 步驟 15-24。）

43

翻到正面，用鑷子尾端將花瓣撐圓，完成 2.5cm 的花朵。

44

取 3.5cm 的花朵，翻到背面，在 5 條布邊上膠。

45

如圖，整條布邊從外端到中央塗上膠。

46

將花朵翻回正面。

47

從正上方黏進 4.5cm 的花朵。

48

以花瓣交錯的方式黏合。

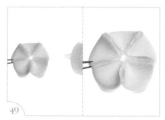

取 2.5cm 的花朵，翻到背面，在 5 條布邊上膠，不要溢出直線範圍。

將花朵翻回正面。

從正上方黏進 3.5cm 的花朵。

以花瓣交錯的方式與 3.5cm 的花朵黏合。

在花朵中心處上膠。

將金屬花蕊放進花朵中心處。

在金屬花蕊中央上膠。

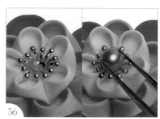

將珠子放進金屬花蕊中央。

完成重梅。

**小提醒**　這裡以三重梅做示範，但只要二層以上就可以稱為重梅，也可以和其他種類的花瓣搭配，或是增減花瓣數與層數，做出不一樣的效果。

衍生花形製作 09

# 重菊

Multiple of sharp petals

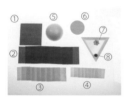

## ❀ 工具材料

① 布 1 片（6cm×6cm）

② 布 8 片（4.5cm×4.5cm）

③ 布 8 片（3.5cm×3.5cm）

④ 布 8 片（2.5cm×2.5cm）

⑤ 保麗龍球半顆（Ø5cm）

⑥ 圓形紙卡底台（Ø4cm）

⑦ 金屬花蕊

⑧ 珠子（Ø8mm）

⑨ 手工藝小剪刀

⑩ 鑷子

⑪ 保麗龍膠

⑫ 珠針

⑬ 刀片

⑭ 格線墊板

## ❀ 布片尺寸

布（6cm×6cm）

布（4.5cm×4.5cm）

布（3.5cm×3.5cm）

布（2.5cm×2.5cm）

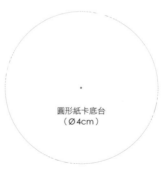

圓形紙卡底台
（Ø4cm）

底台使用 5cm 的保麗龍球。

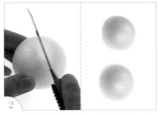

將保麗龍球對切成兩半,只需要半球。

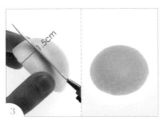

沿半顆保麗龍球邊緣 1.5cm 平行切下。

切好的保麗龍球直徑為 4cm。

在紙卡一面上膠。(註,圓形紙卡的做法可參考 P.12。)

承步驟 5,將紙卡和切好的保麗龍球底部黏合。

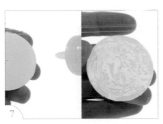

承步驟 6,在紙卡另一面上膠。

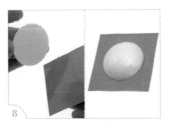

承步驟 7,黏在 6cm 的布片中央。

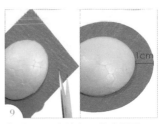

留下 1cm 寬的布,剪成圓形。

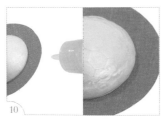

在切好的保麗龍球表面,距離邊緣寬 1cm 上膠一圈。

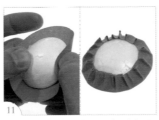

將布翻摺起來,包住切好的保麗龍球。

布的皺摺用剪刀修齊,完成底台。

13 拿起 1 片 4.5cm 的布片，用鑷子夾住一角，將布片沿對角線對摺成三角形。

14 沿三角形的垂直中線再次對摺。

15 夾住三角形的正中間，再次對摺。

16 用鑷子夾住翻到背面，在布邊開口上膠。

17 待膠半乾後，用手指捏緊布邊。（註：觸摸時不黏手，但仍有軟度即可。）

18 用剪刀稍微修齊膠面。（註：若有線頭露出，須一起修掉。）

19 翻到正面在尖端開口處上點膠。

20 待膠半乾後，修齊尖端。

21 將鑷子伸進斜邊的摺縫，穿過黏合的布邊。

22 將布邊撐開 1/2，撐圓呈水滴形，完成 1 片尖形花瓣。

23 重複步驟 13-22，將須製作的 8 片花瓣完成。

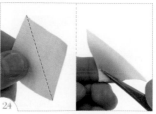

24 拿起 1 片 3.5cm 的布片，用鑷子夾住一角，將布片沿對角線對摺成三角形。

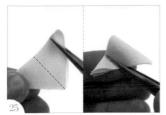

25 沿三角形的垂直中線再次對摺。

26 夾住三角形的正中間，再次對摺。

27 用鑷子夾住翻到背面，在布邊開口上膠。

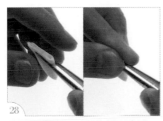

28 待膠半乾後，用手指捏緊布邊。（註：觸摸時不黏手，但仍有軟度即可。）

29 用剪刀稍微修齊膠面。（註：若有線頭露出，須一起修掉。）

30 翻到正面再在尖端開口處上點膠。

31 待膠半乾後，修齊尖端。

32 將鑷子伸進斜邊的摺縫，穿過黏合的布邊。

33 將布邊撐開1/2，撐圓呈水滴形，完成1片尖形花瓣。

34 重複步驟24-33，將須製作的8片花瓣完成。

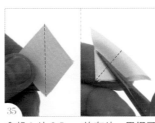

35 拿起1片2.5cm的布片，用鑷子夾住一角，將布片沿對角線對摺成三角形。

36 沿三角形的垂直中線再次對摺。

79

37

夾住三角形的正中間，再次對摺。

38

用鑷子夾住翻到背面，在布邊開口上膠。

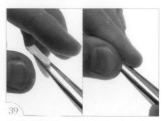

39

待膠半乾後，用手指捏緊布邊。（註：觸摸時不黏手，但仍有軟度即可。）

40

用剪刀稍微修齊膠面。（註：若有線頭露出，須一起修掉。）

41

翻到正面在尖端開口處上點膠。

42

待膠半乾後，修齊尖端。

43

將鑷子伸進斜邊的摺縫，穿過黏合的布邊。

44

將布邊撐開 1/2，撐圓呈水滴形，完成 1 片尖形花瓣。

45

重複步驟 35-44，將須製作的 8 片花瓣完成。

46

在底台的正中間插進珠針，作為對齊基準。

47

取 2.5cm 的花瓣，並在底部上膠。

48

在底台上黏上花瓣。

以珠針為中心對齊，花瓣尖端離中心 2mm。

在第 1 片花瓣對面黏上第 2 片花瓣，2 片花瓣間隔 4mm。

重複步驟 47-50，將 4 片花瓣黏合，呈十字型。

將 8 片花瓣黏合完成。

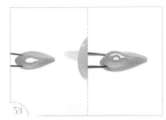

取 3.5cm 的花瓣，並在底部上膠。

承步驟 53，稍微插進第一層花瓣的間隔。

第二層花瓣的尾端對齊底台的邊緣。

重複步驟 53-55，將 8 片花瓣黏合完成。

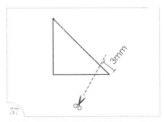

如圖，需要修剪掉的部分。（註：為側面圖。）

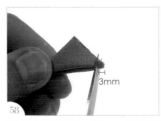

依照上圖所示，4.5cm 的花瓣尖端剪掉 3mm。

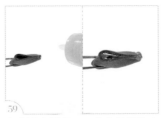

在花瓣底部前 1/2 和修剪過的尖端上膠。

承步驟 59，插進第二層花瓣的間隔，尖端黏住第一層花瓣的尾端。

61 如圖，第三層的花瓣會有一部分懸空。

62 重複步驟 58-60，將 8 片花瓣黏合完成。

63 拔掉作為中心點的珠針。

64 在花中心處上膠。

65 將金屬花蕊放進花中心處。

66 在金屬花蕊中心上點膠。

67 將珠子放進金屬花蕊中心。

68 完成重菊。

 小提醒　重菊的花瓣數與中間層數可自由變化做增減，收尾的最後一層照樣即可。

衍生花形製作 10

# 重菱形瓣

## Multiple of diamond-shaped petals

### ❀工具材料

① 布 1 片（4cm×4cm）

② 布 12 片（2.5cm×2.5cm）

③ 布 12 片（2cm×2cm）

④ 保麗龍球半顆（Ø3cm）

⑤ 圓形紙卡底台（Ø2.5cm）

⑥ 金屬花蕊

⑦ 珠子（Ø8mm）

⑧ 手工藝小剪刀

⑨ 鑷子

⑩ 保麗龍膠

⑪ 珠針

⑫ 刀片

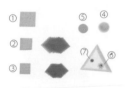

### ❀布片尺寸

布（4cm×4cm）

布（2.5cm×2.5cm）

布（2cm×2cm）

圓形紙卡底台
（Ø2.5cm）

### ❀步驟說明

沿半顆保麗龍球邊緣 5mm 平行
切下。

切好的保麗龍球直徑為 2.5cm。

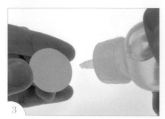
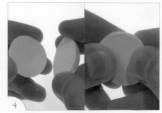

在紙卡一面上膠。（註：圓形紙卡的做法可參考 P.12。）

承步驟 3，將紙卡和切好的保麗龍球底部黏合。

承步驟 4，在紙卡另一面上膠。

承步驟 5，黏在 4cm 的布片中央。

將布剪成圓形，約留 1cm。

在切好的保麗龍球邊緣上一圈膠，將布翻摺起來，包住保麗龍球。

布的皺摺用剪刀修齊。

在切好的保麗龍球中央插進珠針，完成底台。

拿起 1 片布片，用鑷子夾住一角。

將布片沿對角線對摺成三角形。

沿三角形的垂直中線再次對摺。

夾住三角形的正中間，將三角形再次對摺。

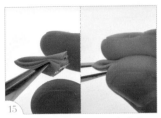

在布邊開口上膠，待膠半乾後，用手指捏緊布邊。（註：觸摸時不黏手，但仍有軟度即可。）

用剪刀稍微修齊膠面。（註：若有線頭露出，須一起修掉。）

將剪刀伸進尖端中央縫隙。

剪開布邊的一半。

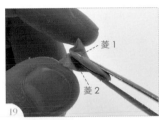

用鑷子夾住中間，將剪開的兩片（菱1、菱2）往上翻摺。

左右兩片（菱1、菱2）夾住中央尖端的布邊（菱3）。

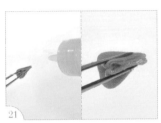

用鑷子夾住布邊，並在布邊再次上膠。

待膠半乾後用手指捏緊布邊，完成1片菱形花瓣。

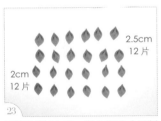

2.5cm
12 片

2cm
12 片

重複步驟11-22，將2種尺寸須製作的花瓣完成。

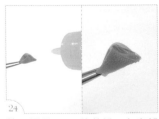

第一層用2cm的花瓣，在底部上膠。

將花瓣黏在底台上。

以珠針為中心對齊，將花瓣尖端貼齊中心。

27 重複步驟 24-26，將第一層 6 片花瓣黏合。

28 第二層用 2cm 的花瓣，在底部上膠並插進第一層花瓣的間隔處。

29 重複步驟 28，將第二層 6 片花瓣黏合。

30 第三層用 2.5cm 的花瓣，在底部上膠。

31 承步驟 30，插進第二層花瓣的間隔處。

32 重複步驟 30-31，將第三層 6 片花瓣黏合。

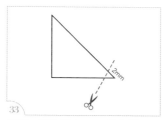

33 如圖，第四層 2.5cm 的花瓣，需要修剪的部分。（註：為側面圖。）

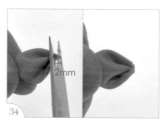

34 依左圖所示，取第四層 2.5cm 的花瓣，將尖端剪掉 2mm。

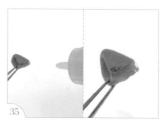

35 在花瓣底部和修剪過的尖端上膠。

36 承步驟 35，黏在第三層花瓣的間隔處。

37 尖端貼住第二層花瓣的尾端。

38 從側面看每層花瓣的角度要越來越往外開。

重複步驟 34-38，將第四層 6 片花瓣黏合。

拔掉作為中心點的珠針。

在花中心處上膠。

將金屬花蕊放進花中心處。

在金屬花蕊中心上點膠。

用鑷子夾住珠子。

將珠子放進金屬花蕊中心。

完成重菱形瓣。

衍生花形製作 11

# 重圓形瓣

## Multiple of rounded petals

## ❀ 工具材料

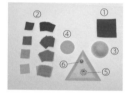

① 布 1 片（4.5cm×4.5cm）

② 布 12+12+12+12 片（2cm×2cm）

③ 保麗龍球半顆（Ø4cm）

④ 圓形紙卡底台（Ø3.2cm）

⑤ 金屬花蕊

⑥ 珠子（Ø8mm）

. . . . . . . . . . . . . . . . . . . . . . . . . . .

⑦ 手工藝小剪刀　　⑩ 珠針

⑧ 鑷子　　　　　　⑪ 刀片

⑨ 保麗龍膠

## ❀ 布片尺寸

布（4.5cm×4.5cm）

布（2cm×2cm）

圓形紙卡底台
（Ø3.2cm）

## ❀ 步驟說明

1

沿半顆保麗龍球邊緣 1cm 平行切下。

2

切好的保麗龍球直徑 3.2cm。

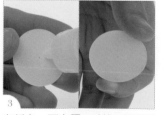

3

在紙卡一面上膠。（註：圓形紙卡的做法可參考 P.12。）

承步驟 3，將紙卡和切好的保麗龍球底部黏合。

承步驟 4，在紙卡另一面上膠。

承步驟 5，黏在 4.5cm 布片中央。

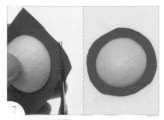  

將布剪成圓形。

在切好的保麗龍球邊緣上一圈膠。

將布翻摺起來，包住切好的保麗龍球。

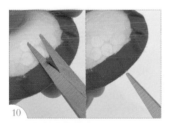 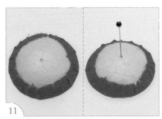 

布的皺摺用剪刀修齊。

在切好的保麗龍球中央插進珠針，完成底台。

拿起 1 片布片，將布片沿對角線對摺成三角形。

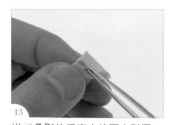  

沿三角形的垂直中線再次對摺。

用鑷子夾住三角形的正中間，將兩邊分別翻起對摺，用鑷子夾住。

翻到背面，在布邊開口上膠。

16
待膠半乾後，用手指捏緊布邊。
（註：觸摸時不黏手，但仍有軟度即可。）

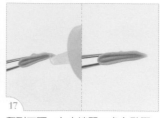

17
翻到正面，在尖端開口處上點膠。

18
待膠半乾後，修齊尖端。

19
完成 1 片圓形花瓣。

20
拿起 1 片布片，將布片沿對角線對摺成三角形。

21
沿三角形的垂直中線再次對摺。

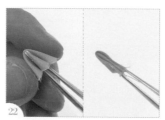

22
用鑷子夾住三角形的正中間，將兩邊分別翻起對摺，用鑷子夾住。

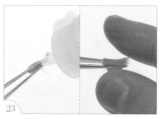

23
翻到背面，在布邊開口上膠，待膠半乾後，用手指捏緊布邊。

24
翻到正面，在尖端開口處上點膠，待膠半乾後，修齊尖端。

25
完成 1 片圓形花瓣。

26
拿起 1 片布片，將布片沿對角線對摺成三角形。

27
沿三角形的垂直中線再次對摺。

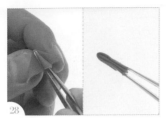

28 用鑷子夾住三角形的正中間，將兩邊分別翻起對摺，用鑷子夾住。

29 翻到背面，在布邊開口上膠，待膠半乾後，用手指捏緊布邊。

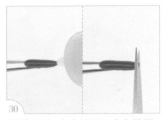

30 翻到正面，在尖端開口處上點膠，待膠半乾後，修齊尖端。

31 完成1片圓形花瓣。

32 掌起1片布片，將布片沿對角線對摺成三角形。

33 沿三角形的垂直中線再次對摺。

34 用鑷子夾住三角形的正中間，將兩邊分別翻起對摺，用鑷子夾住。

35 翻到背面，在布邊開口上膠，待膠半乾後，用手指捏緊布邊。

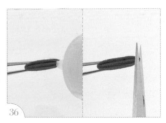

36 翻到正面，在尖端開口處上點膠，待膠半乾後，修齊尖端。

37 完成1片圓形花瓣。

38 將四層各12片的花瓣完成。

第三層 12片　　第一層 12片
第四層 12片　　第二層 12片

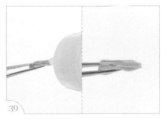

39 先黏第一層，花瓣底部上膠。

40

在底台上黏上花瓣，以珠針為中心對齊，花瓣尖端離中心 2mm。

41

在第 1 片花瓣對面黏上第 2 片花瓣，2 片花瓣間隔 4mm。

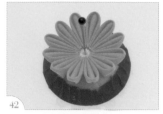

42

重複步驟 39-40，將第一層 12 片花瓣黏合。

43

用鑷子夾住花瓣外緣往內翻，將花瓣拗圓。

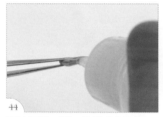

44

開始黏第二層，花瓣底部上膠。

45

黏在第一層花瓣的間隔位置。

46

花瓣的一半長度，插進第一層的間隔。

47

重複步驟 44-46，將第二層 12 片花瓣黏合。

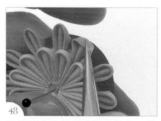

48

用鑷子夾住花瓣外緣往內翻，將第二層花瓣拗圓。

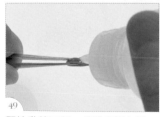

49

開始黏第三層，花瓣底部上膠。

50

黏在第二層花瓣的間隔位置。

51

尖端黏住第一層花瓣的尾端。

52 如圖，第三層花瓣對齊第一層花瓣，呈一直線。

53 重複步驟 49-51，將第三層 12 片花瓣黏合，用鑷子夾住花瓣外緣往內翻，將花瓣拗圓。

54 第四層的花瓣，底部上膠。

55 黏在第三層花瓣的間隔位置。

56 尖端插進第二層花瓣的後端凹洞，黏進去 3mm。

57 如圖，第四層花瓣對齊第一層花瓣，呈一直線。

58 重複步驟 54-56，將第四層 12 片花瓣黏合，用鑷子夾住花瓣外緣往內翻，將花瓣拗圓。

59 拔掉作為中心點的珠針，在花中心處上膠。

60 將金屬花蕊放進花中心處。

61 在金屬花蕊中心上點膠。

62 將珠子放進金屬花蕊中心。

63 完成重圓形瓣。

衍生花形製作 12

# 重圓 + 尖形瓣

## Multiple of round & sharp petals

### 🌸 工具材料

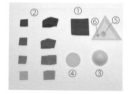

① 布 1 片（4.5cm×4.5cm）
② 布 8+16+16+16 片（2cm×2cm）
③ 保麗龍球半顆（Ø4cm）
④ 圓形紙卡底台（Ø3.5cm）
⑤ 金屬花蕊
⑥ 珠子（Ø8mm）

⑦ 手工藝小剪刀　⑩ 珠針
⑧ 鑷子　　　　　⑪ 刀片
⑨ 保麗龍膠

### 🌸 布片尺寸

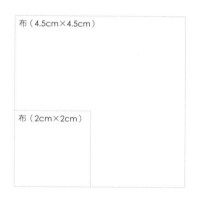

布（4.5cm×4.5cm）

布（2cm×2cm）

圓形紙卡底台
（Ø3.5cm）

### 🌸 步驟說明

沿半顆保麗龍球邊緣 7mm 平行
切下。

切好的保麗龍球直徑為 3.5cm。

在紙卡一面上膠。（註：圓形紙
卡的做法可參考 P.12。）

承步驟 3，將紙卡和切好的保麗龍球底部黏合。

承步驟 4，在紙卡另一面上膠。

承步驟 5，黏在 4.5cm 布片中央。

將布剪成圓形。

在切好的保麗龍球襯緣上一圈膠。

將布翻摺起來，包住切好的保麗龍球。

布的皺摺用剪刀修齊。

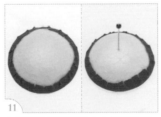

在切好的保麗龍球中央插進珠針，完成底台。

拿起 1 片布片，將布片沿對角線對摺成三角形。

沿三角形的垂直中線再次對摺。

先夾住三角形的正中間，再將兩邊分別翻起對摺，用鑷子夾住。

翻到背面，在布邊開口上膠。

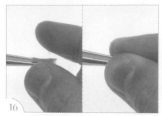
16 待膠半乾後，用手指捏緊布邊。
（註：觸摸時不黏手，但仍有軟度
即可。）

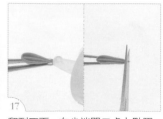
17 翻到正面，在尖端開口處上點膠，
半乾後修齊膠面。

18 完成 1 片圓形花瓣，重複步驟
12-17，將第一層須製作的 8 片
花瓣完成。

19 拿起 1 片布片，將布片沿對角線
對摺成三角形。

20 沿三角形的垂直中線再次對摺。

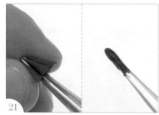
21 先夾住三角形的正中間，再將兩
邊分別翻起對摺，用鑷子夾住。

22 翻到背面，在布邊開口上膠。

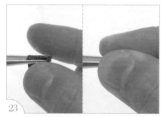
23 待膠半乾後，用手指捏緊布邊。
（註：觸摸時不黏手，但仍有軟度
即可。）

24 翻到正面，在尖端開口處上點膠，
半乾後修齊膠面。

25 完成 1 片圓形花瓣，重複步驟
19-24，將第四層需要的 16 片花
瓣完成。

26 拿起 1 片布片，將布片沿對角線
對摺成三角形。

27 沿三角形的垂直中線再次對摺。

28
夾住三角形的中間，再次對摺，用鑷子夾住。

29
翻到背面，在布邊開口上膠。

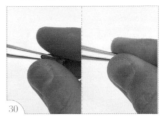

30
待膠半乾後，用手指捏緊布邊。（註：觸摸時不黏手，但仍有軟度即可。）

31
翻到正面，在尖端開口處上點膠，半乾後修齊膠面。

32
完成 1 片尖形花瓣，重複步驟 26-31，將第二層需要的 16 片花瓣完成。

33
拿起 1 片布片，將布片沿對角線對摺成三角形。

34
沿三角形的垂直中線再次對摺。

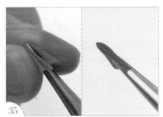

35
夾住三角形的中間，再次對摺，用鑷子夾住。

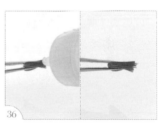

36
翻到背面，在布邊開口上膠。

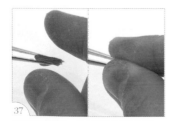

37
待膠半乾後，用手指捏緊布邊。（註：觸摸時不黏手，但仍有軟度即可。）

38
翻到正面，在尖端開口處上點膠，半乾後修齊膠面。

39
完成 1 片尖形花瓣，重複步驟 33-38，將第三層須製作的 16 片花瓣完成。

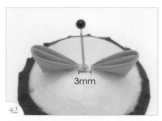

取第一層的 1 片花瓣，並在底部上膠。

在底台上黏上花瓣後，以珠針為中心對齊，花瓣尖端距離中心 1.5mm。

在第 1 片花瓣對面黏上第 2 片花瓣，2 片花瓣間隔 3mm。

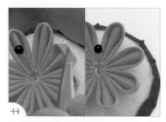

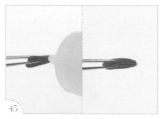

重複步驟 40-42，將第一層 8 片花瓣黏合。

用鑷子夾住花瓣外緣往內翻，將第一層 8 片花瓣拗圓。

取第二層的 1 片花瓣，並在底部上膠。

承步驟 45，在第一層花瓣的間隔位置黏上，花瓣的一半長度，插進第一層的間隔。

取第二層花瓣，將花瓣的一半長度，對齊並插進第一層花瓣尾端的凹洞。

重複步驟 45-47，將第二層 16 片花瓣黏合。

取第三層的 1 片花瓣，並在底部上膠。

承步驟 49，將第三層花瓣的尖端貼緊第一層花瓣，插進第二層花瓣的間隔位置黏上。

如圖，第二層花瓣尖端對齊圓心的方向。

52 重複步驟 49-50，將第三層 16 片
花瓣黏合。

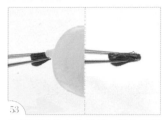

53 取第四層的 1 片花瓣，並在底部
上膠。

54 承步驟 53，將第四層花瓣的尖
端貼緊第二層花瓣，插進第三層
花瓣的間隔。

55 如圖，第四層花瓣對齊第二層花
瓣，呈一直線。

56 重複步驟 53-54，將第四層的 16
片花瓣黏合，並用鑷子夾住花瓣
外緣往內翻，將花瓣拗圓。

57 拔掉作為中心點的珠針。

58 在花中心處上膠。

59 將金屬花蕊放進花中心處。

60 在金屬花蕊中心上點膠。

61 將珠子放進金屬花蕊中心。

62 完成重圓和尖形花瓣。

63 同樣的花瓣尺寸，同樣四層，不
同花瓣種類、數量組合起來的差
異對比。

衍生花形製作 13

# 花苞、花萼的製作方式

Buds, calyx way of making

## ❀工具材料

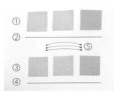

① 布2+1 片（3.5cm×3.5cm）

② #22 鐵絲（10cm）

③ 布2+1 片（3.5cm×3.5cm）

④ #22 鐵絲（10cm）

⑤ 花蕊 3 根

⑥ 手工藝小剪刀

⑦ 拼布小剪刀

⑧ 鑷子

⑨ 調色盤

⑩ 糨糊

⑪ 水

⑫ 水彩筆

⑬ 保麗龍膠

⑭ 平口尖嘴鉗

## ❀布片尺寸

布（3.5cm×3.5cm）

## ❀步驟說明

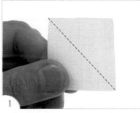

拿起 1 片布片，用鑷子夾住一角。

將布片沿對角線對摺成三角形。

沿三角形的垂直中線再次對摺。

用鑷子夾住三角形的正中間。

承步驟 4，將兩邊分別翻起對摺。

用鑷子夾住，翻到背面，在布邊開口上膠。

待膠半乾後，用手指捏緊布邊。（註：觸摸時不黏手，但仍有軟度即可。）

用剪刀修齊膠面。

翻到正面在尖端開口處上點膠。

待膠半乾後，修齊尖端。

將花瓣尾端對摺處用鑷子撐開，使花瓣撐圓。

用鑷子夾住花瓣圓弧的位置，將正面翻摺到背面。

重複步驟 12，將另一邊翻摺到背面。

重複步驟 1-13，將需要的 2 片花瓣完成。

用平口尖嘴鉗夾住鐵絲，一端留下 2cm 左右。

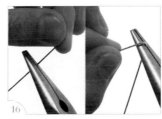
承步驟 15，抓住鐵絲，凹摺。

將鐵絲沿著平口尖嘴鉗凹摺，繞一圈。

101

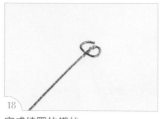

18 完成繞圈的鐵絲。

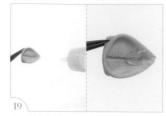

19 在花瓣尖端內面上膠。

20 將鐵絲繞圈的部分黏進花瓣尖端內面。

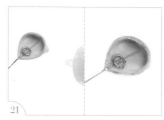

21 將花瓣弧形邊緣上膠。

22 蓋上另 1 片花瓣。

23 將花瓣稍微壓緊。

24 糨糊比水的比例約 2：1，混合均勻。（註：比例可依個人喜好及氣溫調整。）

25 用水彩筆刷在綠色的布片上，糨糊水必須滲透進布裡。

26 等待至完全乾燥。

27 剪出細長的三角形。

28 如圖，1 朵花苞的花萼需要 3 片三角形。

29 剪刀與最長邊垂直，對準鈍角的位置剪開一半。

30

重複步驟 29，將 3 片剪開一半的三角形完成。

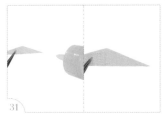

31

以剪開的切口為界，將一半的三角形上膠。(註：薄薄的一層即可，不要過多。)

32

三角形翻面，上膠面朝下，將切口卡進鐵絲。

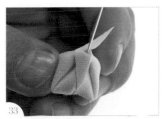

33

將上膠的一半三角形向下貼住花苞。

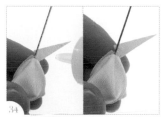

34

另一半的三角形上膠。

35

順著花苞的錐型，將另一半的三角形貼上。

36

用鑷子夾住 2 片三角形尖角中間多餘的布。

37

承步驟 36，捏緊多餘的布，使邊緣明顯。

38

順著花苞的弧度修剪掉多餘的布。

39

重複步驟 31-38，完成化萼。

40

如圖，讓 6 片花萼尖角自然分佈，不要過密或過疏。

41

完成沒開的花苞。

❀ 半開的花苞

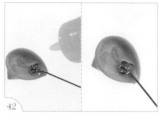

42

重複步驟 1-20，在黏合的鐵絲繞圈處上膠。

43

花蕊剪下 1.5cm。

44

剪下的花蕊黏成一束。

45

黏好的花蕊放進花瓣中央黏住。

46

在花蕊根部上膠。

47

蓋上另 1 片花瓣。

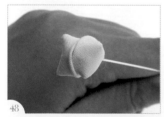

48

將 2 片花瓣左右錯開，不要完全重合。

49

待膠乾燥後，稍微拉開 2 片花瓣，讓花蕊露出。

50

重複步驟 24-39，黏好花萼，完成半開的花苞。

小提醒

圓、尖、梅、菱 4 種基礎花瓣的任意組成，加上顏色搭配、尺寸變化可以排列組合出非常多種變化，基礎及其衍生到此結束。

Chapter

# 03

×

# 組合成形

## Combined forming

*01*
垂墜製作
❀

# 藤 花
Wisteria sinnsis

🪭 工具材料

① 布 8 片（2.5cm×2.5cm）

② 布 6 片（2.5cm×2.5cm）

③ 1mm 細繩

④ 金屬吊片

⑤ C 圈

⑥ 彈簧扣

⑦ T 針

⑧ 珠子、鈴鐺 任意

⑨ 手工藝小剪刀

⑩ 鑷子

⑪ 保麗龍膠

⑫ 膠帶

⑬ 平口尖嘴鉗

⑭ 捲針鉗

⑮ 格線墊板

🪭 步驟說明

製作 2 片圓形花瓣。（註：圓
形花瓣的做法可參考 P.18。）

在 1 片花瓣的側面底部塗上一
點膠。

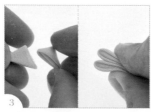

並排黏上第 2 片花瓣，捏住上
膠處，並壓緊。

完成 1 節雙瓣花瓣。

重複步驟 1-3，將 4 節淡黃色
雙瓣花瓣、2 節綠色雙瓣花瓣、
2 片圓形花瓣完成。

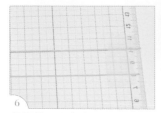

細繩剪下適當的長度，用膠帶
黏在格線墊板上。

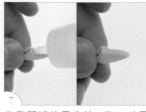

先黏單瓣的最末節，取 1 片圓
形花瓣，並在底部上膠。

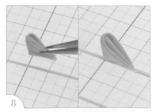

用鑷子夾住，上膠位置朝下，
對齊格線黏在細繩上。

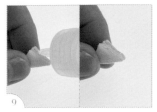

取 1 節綠色雙瓣花瓣，並在底部上膠。

承步驟 9，用鑷子夾住，上膠位置朝下，黏在細繩上。

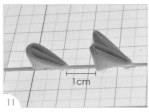

如圖，花瓣間的距離相隔 1cm。

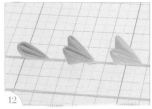

重複步驟 9-10，依序黏上其餘的花瓣。

按照設計好的顏色分布和數量，將所有花瓣黏貼完成。

待膠乾燥後，將整條細繩連同花瓣一起從墊板上撕下來。

沿著花瓣邊緣，將多餘的膠修剪掉。

重複步驟 15，修剪雙瓣花瓣多餘的膠，注意不要剪到花瓣或細繩。

修剪尾端的細繩，留下 1.5cm。

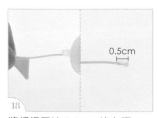

將細繩尾端 0.5cm 塗上膠。

彎折細繩，與花瓣背後的細繩黏合，留下一部分不要黏住，形成繩圈。

重複步驟 14-19，將另 1 條細繩的繩圈黏合，完成 2 串藤花。

21 用尖嘴鉗夾住 C 圈開口的一側。

22 用另一支尖嘴鉗夾住 C 圈開口的另一側。（註：只有一支鉗子時，可以用指甲或C圈戒代替。）

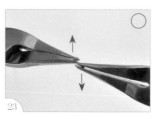

23 將 C 圈兩側上下錯開扳動，打開開口。

24 左右扳開的方式是錯誤的，會導致關閉 C 圈時無法密合。

25 承步驟 23，以正確的方式打開 C 圈。

26 將金屬吊片頂端的圈套入 C 圈。

27 將彈簧扣底端的圈套入 C 圈。

28 上下反向扳動，關閉 C 圈。

29 如圖，將 3 個零件串接完成。

30 將藤花頂端的細繩穿進金屬吊片底端的洞。

31 細繩在距離第 1 節花瓣 1cm 的位置折返。

32 將細繩斷口放在第 1 節花瓣的背面，剪掉多餘的細繩。

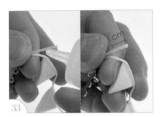

細繩上膠 1cm。

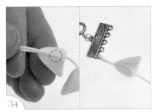

彎折細繩,與花瓣背後的細繩
重疊黏合。

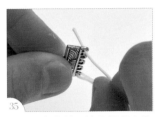

將另 1 串藤花頂端的細繩穿進
金屬吊片底端另一端的洞。

調節第 2 串藤花的高度與第 1
串對齊。

重複步驟 31-34,修剪並黏合
第 2 串藤化的細繩。

※ 直洞珠子墜飾

製作藤花底端的墜飾,將珠子
穿入 T 針。

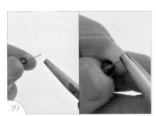

用捲針鉗夾住 T 針凸出珠子的
部分。

轉動捲針鉗,將 T 針捲成圓形。

捲到底後,用捲針鉗將捲好的
T 針,在根部往反方向凹摺。

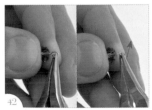

往上扳起 T 針捲好的圈,打開。

套入藤花尾端的繩圈。

將圈往下扳回原位,關閉 T 針。

45
重複步驟 38-44，將 2 串藤花串接上直洞珠子，藤花搭配直洞珠子作為墜飾，完成。

46
將鈴鐺頂端的圈套入打開的 C 圈。

47
套入藤花尾端的繩圈。

❀橫洞珠子墜飾

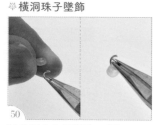

48
上下反向扳動，關閉 C 圈。

49
重複步驟 46-48，將 2 串藤花串接上鈴鐺，藤花搭配鈴鐺作為墜飾，完成。

50
將珠子套入打開的 C 圈。

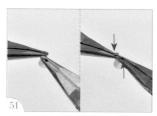

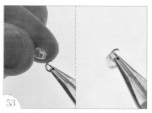

51
上下反向扳動，關閉 C 圈。

52
將另 1 個 C 圈兩側上下錯開扳動，打開開口。

53
將另 1 顆珠子套入 C 圈。

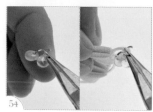

54
套入前一步驟穿好珠子的 C 圈後，再套入藤花尾端的繩圈。

55
關閉 C 圈。

56
重複步驟 50-55，將 2 串藤花串接上橫洞珠子，藤花搭配橫洞珠子作為墜飾，完成。

*02*
垂墜製作
❀

# 流 蘇

Tassel

① 流蘇　　④ 手工藝小剪刀
② C 圈　　⑤ 平口尖嘴鉗
③ 彈簧扣　⑥ 鑷子
············　⑦ 打火機

🪭 步驟說明

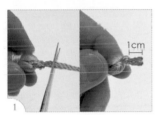

1　剪掉流蘇頂端多餘的繩子，留下 1cm。

2　用打火機稍微燒過繩子的斷口，使繩子加熱黏住。

3　將 C 圈兩側上下錯開扳動，打開開口。

4　將流蘇頂端的繩圈套入 C 圈。

5　將彈簧扣底端的圈套入 C 圈。

6　關閉 C 圈，完成。

## 03
垂墜製作
✿

# 銀片片

Silver pieces

🕊 **工具材料**

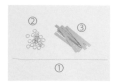

① #24 鐵絲　　④ 金屬細棍或
② C 圈　　　　　竹籤
③ 銀片片　　　⑤ 平口尖嘴鉗

🪭 **步驟說明**

1 使用金屬細棍作為軸心，放上鐵絲壓住。（註：也可以用竹籤或原子筆芯之類的物品替代。）

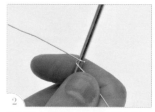

2 順著軸心纏繞，將鐵絲繞成圈。

3 緊貼前一圈，將須製作的圈數纏繞完成後，抽出軸心。（註：銀片片數量＝鐵絲圈數。）

4 用尖嘴鉗尖端夾住鐵絲繞圈結束的位置，凹摺 90 度。

5 另一端同樣凹摺 90 度。

6 用尖嘴鉗夾住鐵絲圈側面的部分，斜向壓扁。（註：使用平口無齒的尖嘴鉗，才不會在鐵絲上留下痕跡。）

7 如圖，所有鐵絲圈要倒向同一個方向。

8 抓住鐵絲圈的兩端，左右拉開。

9 如圖，鐵絲圈平均地拉開。

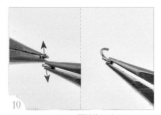

10 將 C 圈兩側上下錯開扳動,打
開開口。

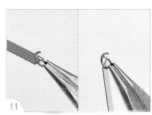

11 將銀片片頂端的洞套入 C 圈。

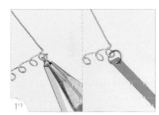

12 將鐵絲圈套入 C 圈,關閉 C 圈。

13 重複步驟 10-12,將全部銀片片
串接完成。

14 用尖嘴鉗尖端夾住鐵絲圈起始
的位置,凹摺 90 度。

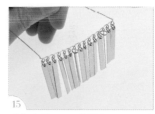

15 重複步驟 14,將鐵絲圈另一端
凹摺 90 度。

16 將兩端鐵絲在中央交叉,鐵絲
圈與銀片形成弧度。

17 將 2 根鐵絲轉繞仕一起。

18 重複步驟 17,轉繞 3 ～ 5 圈,
完成銀片片。

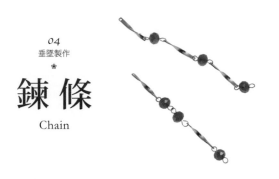

*04*
垂墜製作
❀

# 鍊 條
Chain

🕊 **工具材料**

① 9 針　　④ 平口尖嘴鉗
② 金屬零件　⑤ 捲針鉗
③ 珠子

🪭 **步驟說明**

1　將珠子穿入 9 針。

2　用捲針鉗夾住 9 針凸出珠子的部分，轉動捲針鉗將 9 針捲成圓形。

3　捲到底後，用捲針鉗將捲好的 9 針，在根部往反方向凹摺。

4　往上扳起 9 針捲好的圈，打開，套入金屬零件。

5　將圈往下扳回原位，關閉 9 針，重複步驟 1-5，串接珠子與金屬零件。

6　鍊條可以任意排列組合。

*01*
金具搭配
❀

# 別針台

Brooch

① 別針台　　　⑤ 錬條 任意
② 花朵 任意　　⑥ 熱熔膠 + 熱熔
　　　　　　　　　膠槍
③ 鑷子　　　　⑦ 瞬間膠（膏狀）
④ 9 針

🪭 步驟說明

1
取具有平台的別針台和花朵。
（註：別針台也有同時兼具別針
和髮夾的款式。）

2
取 9 針，在直的那一端塗上瞬
間膠，膏狀的比起液狀的不容
易亂流。

3
平貼在花朵的底部黏住，9 針
的圓圈不要超出花朵邊緣。

4
熱熔膠槍預熱，在平台上擠上
熱熔膠，但不可超出平台。

5
待膠稍微冷卻。

6
將平台上膠面朝下，黏在花朵
背面，不要蓋到 9 針的圈。

7
待膠冷卻，不搭配墜飾的話到
此步驟即完成。

8
打開墜飾的彈簧扣，扣住 9 針
的圓圈。

9
完成。

*02*
金具搭配
❀

# 尖嘴夾
Pointed clip

① 有平台的尖嘴夾
② 沒有平台的尖嘴夾
③ 花朵 任意
④ 墜飾 任意

⑤ 熱熔膠＋熱熔膠槍
⑥ 瞬間膠（膏狀）
⑦ 瞬間膠（液狀）
⑧ 平口尖嘴鉗
⑨ 斜口鉗

🪭 步驟說明

❄ 有平台的尖嘴夾

1

使用帶有平台的尖嘴夾，尺寸
依花朵大小選擇。

2

在平台上塗上瞬間膠，膏狀的
比液狀的不容易亂流。

3

將平台上膠面朝下，黏住花朵
背面中心。

4

待膠乾燥，完成。

❄ 沒有平台的尖嘴夾

5

若是使用沒有平台的尖嘴夾。

6

花朵背面黏上鐵絲。（註：鐵絲
黏貼方法可參考 P.124。）

7

從鐵絲根部的位置凹摺 90 度。

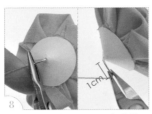

8

距離 1cm 的位置，用尖嘴鉗再次凹摺。

9

將鐵絲穿過尖嘴夾中間，在1cm凹摺位置卡住尖嘴夾邊緣。

10

將鐵絲纏繞尖嘴夾一圈。

11

鐵絲繞過花朵底部，迴轉彎摺180 度。

12

留下 1cm 的鐵絲，用斜口鉗剪掉多餘的鐵絲。

13

將留下的鐵絲凹進尖嘴夾裏面。

14

夾緊鐵絲，使其緊貼尖嘴夾表面。

15

重複步驟 14，將另一邊夾緊。

16

在鐵絲纏繞的位置滴進瞬間膠。（註：液態的具有比較高的滲透性，可以滲進鐵絲和尖嘴夾的縫隙黏緊。）

17

待膠乾燥後，打開墜飾的彈簧扣，扣住花朵根部的鐵絲。

18

做成可拆卸的款式，完成。

*03*
金具搭配
❀
# 水滴夾
Drop clip

🕊 **工具材料**

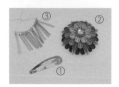

① 水滴夾
② 花朵 任意
③ 串好的銀片片

④ 手工藝小剪刀
⑤ 黑線
⑥ 手縫線
⑦ 瞬間膠（液狀）
⑧ 平口尖嘴鉗
⑨ 斜口鉗

🪭 **步驟說明**

1

水滴夾選有帶孔洞的款式。

2

任意 1 朵花朵，黏好鐵絲。（註：
鐵絲黏貼方法可參考 P.124。）

3

用尖嘴鉗夾住距離鐵絲根部
1cm 的位置，凹摺 90 度。

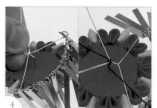

4

取串好的銀片片，將鐵絲靠在
花朵凹摺的鐵絲位置，並用黑
線纏繞固定。

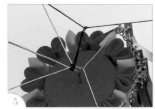

5

承步驟 4，將黑線繞 3 ～ 4 圈
後打結，綁緊。

6

剪掉多餘的線。

7

用尖嘴鉗夾住黑線綁住的位置。

8

將 3 根鐵絲纏繞成一束。

9

將鐵絲纏繞完成後,用斜口鉗修剪尾端分岔的部分。

10

用尖嘴鉗夾住黑線綁住的位置,凹摺 90 度。

11

將鐵絲從上方穿進水滴夾的孔洞。

12

將鐵絲 90 度的部分凹摺,夾住水滴夾前端。

13

凸出水滴夾前端的部分留下 5mm,剪掉多餘的鐵絲。

14

取手縫線,將 5mm 的鐵絲和黑線處纏繞固定。(註:示範為了分開分別用黑白二色,實際操作使用同一色即可。)

15

承步驟 14,將手縫線纏繞鐵絲 3～5 圈後,打結並綁緊。

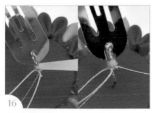

16

在纏繞的位置滴進瞬間膠。(註:液態的具有比較高的滲透性,可以滲進線和鐵絲和水滴夾的縫隙黏緊。)

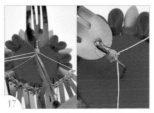

17

待膠乾後,修剪掉多餘的手縫線。

18

完成。

*04*
金具搭配

# 彈簧夾

## Blade spring

① 彈簧夾（8cm）
② 750p 灰紙板（9×1.5cm）
③ 布（12×3cm）

- - - - - - - - - - - - - - - - - - - -

④ 花葉 任意
⑤ 保麗龍膠
⑥ 鑷子
⑦ 熱熔膠 + 熱熔膠槍

## 步驟說明

1 紙板均勻塗上一層保麗龍膠。
（註：越薄的布需要塗的越薄，不然容易透過去。）

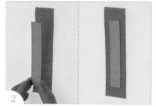

2 上膠面朝下，黏在布片中央。

3 在紙板另一面上膠。

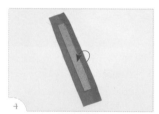

4 將布的長邊沿著紙板邊緣，翻摺包住紙板。

5 重複步驟 4，將另一邊翻摺包住紙板。

6 兩端的布內側上膠。

7 將兩端翻摺包住紙板。

8 熱熔膠槍預熱，在彈簧夾的凸面擠上熱熔膠。

9 如圖，膠不要過多，不然容易溢出。

10

上膠面朝下，黏住包好的紙板。

11

壓緊兩側，直至熱熔膠冷卻並黏緊彈簧夾。

12

彈簧夾基底完成。

13

有布面的前提下，花朵組成可以省略圓形底台，直接在花瓣底部上膠黏上布面。

11

依喜好任意在布面黏上花朵。（註：花朵的做法可參考 P.18。）

15

平底鑽上膠。

16

黏進花中心。

17

取葉子，在葉子底部上膠，黏上布面。（註：葉子的做法可參考 P.35。）

18

完成。

---

紙型（9cm×1.5cm）

---

布（12cm×3cm）

*05*
金具搭配
✿

# 髮 梳

Tuck comb

## 工具材料

① 髮梳　　　　⑥ 尖嘴鉗
② 黑色緞帶　　⑦ 斜口鉗
③ 花朵 任意　 ⑧ 打火機
- - - - - - - - - - - - - -
④ 瞬間膠（膏狀）
⑤ 手工藝小剪刀

## 步驟說明

依花朵大小及數量選擇髮梳的
尺寸。

用尖嘴鉗夾住距離鐵絲根部
5mm的位置，凹摺90度。（註：
有鐵絲的花朵做法可參考 P.171 步
驟 56-60。）

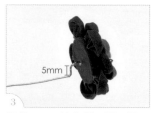

距離 5mm 的位置，再凹摺一
個 90 度。

將鐵絲從上方穿進髮梳第一個
間隔，鐵絲 90 度的部分繼續凹
摺，夾住髮梳的柄。

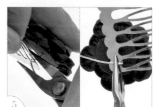

用尖嘴鉗夾緊。

將鐵絲沿著柄繼續纏繞。

跳過一個間隔，將鐵絲沿著柄
纏繞。

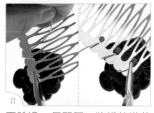

再跳過一個間隔，將鐵絲沿著
柄纏繞。

用斜口鉗剪掉多餘的鐵絲，並
注意鐵絲不可凸出柄的範圍。

將緞帶穿進第一個間隔。

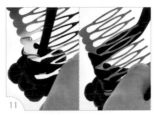

順著鐵絲纏繞過的路徑,繼續纏繞。

將緞帶另一端摺向髮梳另一頭後拉緊。

用纏繞的那端緞帶往下壓住另一邊反摺的緞帶,並剪掉多餘的部分。

跳過一個間隔,緞帶繼續朝向髮梳另一端纏繞。

到底後折返回來,穿過剛剛跳過的間隔,沿著柄纏繞。

繼續穿過跳過的間隔纏繞,把折過來的緞帶和柄一起纏繞起來。
(註:即同一個間隔只會繞一次。)

直到起始處為止。

緞帶先抬起來一些,在起始位置塗上一點瞬間膠。

黏上緞帶,並待膠乾後,剪掉多餘的緞帶。

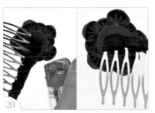

將緞帶的斷口用打火機稍微燒邊。(註:注意不要燒到花朵。)

完成。

# 小髮釵

Small hairpin

① 髮釵
② 花朵 任意
③ 穿好鐵絲的底台
④ 黑色膠帶

⑤ 熱熔膠 + 熱熔膠槍
⑥ 鑷子
⑦ 手工藝小剪刀
⑧ 平口尖嘴鉗
⑨ 斜口鉗

🪭 步驟說明

1 取小髮釵和花朵。（註：直的髮釵適合單朵且尺寸較小的花朵。）

2 穿好鐵絲的底台，紙卡尺寸依照花朵大小選擇。（註：有鐵絲的平面圓形底台可參考 P.13。）

3 熱熔膠槍預熱，在底台上擠上熱熔膠。

4 膠量要足夠蓋住鐵絲。

5 將底台上膠面朝下，黏在花朵背面中心。

6 用鑷子輕壓，讓熱熔膠平貼花瓣底部。

搭配沒有平台的金具時，花朵都需要加上有鐵絲的底台。

用尖嘴鉗夾住距離鐵絲根部 1cm 的位置。

凹摺 90 度。

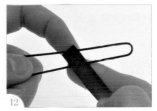

將鐵絲凹出符合髮釵的弧度。

黑色膠帶從中間剪開，將寬度減半。

在髮釵的中間位置黏上膠帶，開始纏繞。

纏繞 2～3 圈後，放上花朵，對照著位置剪斷多餘的鐵絲。

連著鐵絲一起，繼續纏繞膠帶。

纏到頂部為止，留下 1cm，剪掉多餘的膠帶。

留下的膠帶往回繼續纏繞至黏完。

完成。

*07*
金具搭配
❀
# 髮釵

Hairpin

④ ② ③ ① 

① 髮釵　　　　⑤ 黑線
② 花朵 任意　⑥ 瞬間膠（膏狀）
③ 黑色緞帶　⑦ 手工藝小剪刀
④ 墜飾 任意　⑧ 平口尖嘴鉗
⑨ 斜口鉗

🪭 步驟說明

1

取髮釵和背面已黏鐵絲的花朵。
（註：髮釵的波浪型在頭髮上的
固定較強，適合花朵數較多或較
大的花朵。）

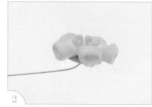

2

從鐵絲根部的位置朝水平方向
凹摺 90 度。

3

在花朵邊緣的位置，用尖嘴鉗
再次凹摺。（註：花的尺寸越大
需要保留的距離越大。）

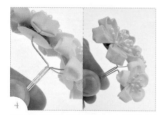

4

將凹好的花朵聚攏，凹摺的部
分靠在一起。

5

用黑線纏繞全部的鐵絲，並在凹
摺根部纏繞數圈後拉緊。

6

黑線打結後，剪掉多餘的線。

7

用尖嘴鉗夾住黑線纏繞的位置。

8

其中 2 根鐵絲轉繞在一起，將
3 根鐵絲規整成 2 束。

9

若是 4 朵花，4 根鐵絲的情況，
則一邊 2 根鐵絲轉繞在一起，
依此類推。

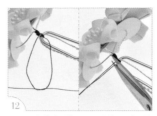

兩邊鐵絲凹成與髮釵相同的弧形。

和髮釵靠在一起。

用黑線綁住鐵絲與髮釵，打結後剪掉多餘的線。

取黑色緞帶，並從中間開始纏繞上緞帶。（註：若配戴者是金髮，則選用金色緞帶，前面步驟的黑線同理。）

在鐵絲和髮釵上塗上一點瞬間膠，並將緞帶纏繞 3～5 圈。

用斜口鉗剪掉多餘的鐵絲後，繼續用緞帶包住鐵絲。

緞帶塗上一點瞬間膠，上膠部分纏繞完後，剪掉多餘的緞帶。

另一邊的鐵絲同樣上膠，用緞帶纏繞。

用尖嘴鉗夾住鐵絲束的根部，將花凹摺到適當的角度。

不搭配墜飾的話到此步驟即完成。

打開墜飾的彈簧扣，扣住鐵絲束的根部。

完成。

*08*
金具搭配
❀
# 戒 台
Ring

🕊 **工具材料**

① 戒台　　　③ 熱熔膠 + 熱熔
② 花朵 任意　　膠槍

🪭 **步驟說明**

|1|2|3|
|---|---|---|
|取戒台和花朵。（註：建議選平台上有洞的戒台；花朵大小建議和平台相近。）|熱熔膠槍預熱，在平台上擠上熱熔膠。（註：不要一次擠滿，待第一層膠稍微冷卻後再繼續將平台塗滿膠。）|將平台上膠面朝下，黏住花朵背面中心，待膠冷卻，完成。|

---

*09*
金具搭配
❀
# 一字夾
Hair grip

🕊 **工具材料**

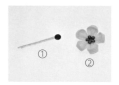

① 一字夾　　③ 熱熔膠 + 熱熔
② 花朵 任意　　膠槍

🪭 **步驟說明**

|1|2|3|
|---|---|---|
|取一字夾和花朵。（註：建議選用帶有平台的一字夾。）|熱熔膠槍預熱，在平台上擠上熱熔膠。（註：膠量不要超出平台本身，因膠容易溢出。）|將平台上膠面朝下，黏住花朵背面中心，待膠冷卻後，完成。|

Chapter

04

×

進階花形
製作

Advanced flower production

進階花形製作 01

# 朝顏

Morning glory

## ❀工具材料

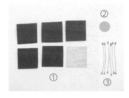

① 布 5+1 片（3.5cm×3.5cm）
② 圓形紙卡底台（∅1.8cm）
③ 花蕊 6 根

④ 手工藝小剪刀

⑤ 拼布小剪刀
⑥ 鑷子
⑦ 保麗龍膠
⑧ 調色盤

⑨ 糨糊
⑩ 水
⑪ 水彩筆
⑫ 格線墊板

## ❀布片尺寸

圓形紙卡底台
（∅1.8cm）

布（3.5cm×3.5cm）

## ❀步驟說明

1

拿起 1 片布片，用鑷子夾住一角，將布片沿對角線對摺成三角形。

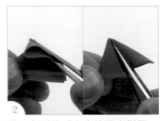

2

沿三角形的垂直中線再次對摺，用鑷子夾住三角形的正中間。

3

將兩邊分別翻起對摺。

4

用鑷子夾住，翻到背面，在布邊開口上膠。

待膠半乾後，用手指捏緊布邊。
（註：觸摸時不黏手，但仍有軟度
即可。）

翻到正面在尖端開口處上點膠，
待膠半乾後，修齊尖端。

將花瓣尾端對摺處用鑷子撐開，
使花瓣撐圓。

用鑷子夾住花瓣圓弧的位置。

將花瓣由中數摺到背面。

重複步驟9，將花瓣正面另一邊
翻摺到背面。

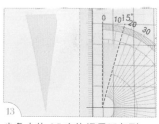

白色布片刷上糨糊水。（註：糨糊
比水的比例約2：1，可依個人喜好
及氣溫調整。）

完全乾燥後剪成細長的三角形。

尖角大約15度的細長三角形。

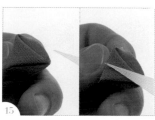

將三角形上膠，薄薄一層即可。
（註：膠量若太多，容易溢出。）

將三角形黏上花瓣正中央，尖端
對齊花瓣兩個尖角的連線。

將三角形多餘的部分沿著花瓣邊
緣修剪掉，另一邊同樣修剪掉。

17

完成 1 片花瓣。

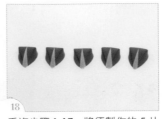

18

重複步驟 1-17，將須製作的 5 片
花瓣完成。

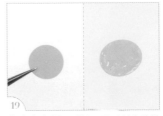

19

將底台上膠。（註：圓形紙卡的做
法可參考 P.12。）

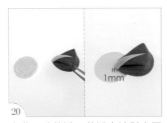

20

先黏 1 片花瓣，花瓣尖端對齊圓
心，距離 1mm。

21

將第 2 片花瓣黏在第 1 片花瓣對
面偏一點的位置。

22

相鄰黏上第 3 片花瓣。

23

依序黏上第 4 片和第 5 片花瓣。

24

完成花朵本體。

25

全部花蕊的頭剪下 1.2cm。

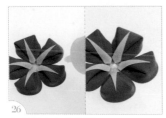

26

在花朵中心處上膠。

27

將剪下的花蕊插進花朵中心處。

28

重複步驟 27，完成朝顏。

進階花形製作 02

# 百合

## Lily

### ✿工具材料

① 布 6 片（4.5cm×4.5cm）
② 花蕊 3 根
③ 手工藝小剪刀
④ 鑷子
⑤ 保麗龍膠

### ✿布片尺寸

布（4.5cm×4.5cm）

### ✿步驟說明

1
拿起 1 片布片，用鑷子夾住一角，
將布片沿對角線對摺成三角形。

2
沿三角形的垂直中線再次對摺，
夾住三角形的正中間。

3
將三角形再次對摺。

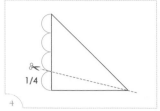

如圖，需要修剪掉的部分。（註：為側面圖。）

用鑷子夾住側面，依照左圖所示，摺邊 1/4 到花瓣尖端的連線用剪刀剪下。

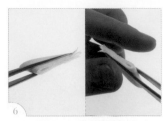

在布邊開口上膠，待膠半乾後，用手指捏緊布邊。（註：觸摸時不黏手，但仍有軟度即可。）

用剪刀稍微修齊膠面。（註：若有線頭露出，須一起修掉。）

翻到正面，在尖端開口處上點膠，待膠半乾後，修齊尖端。

用鑷子捏緊花瓣底部的上膠處。

捏住花瓣外端，將花瓣正面翻摺到背面。

注意花瓣底部在翻的過程不能散開，完成 1 片花瓣。

重複步驟 1-11，將須製作的 6 片花瓣完成。

花瓣尖端側面的位置上膠，兩側各上 1cm。

重複步驟 13，將第一層須製作的 3 片花瓣上膠。

花瓣兩兩側面相黏，尖端對齊。

16

依序黏上第 3 片花瓣。

17

第 3 片和第 1 片花瓣相黏後，凹摺 3 片花瓣，聚攏成立體錐狀。

18

完成第一層的花瓣。

19

在花瓣相黏的位置上膠。

20

承步驟 19，以花瓣交端的方式黏合第二層花瓣。

21

依序黏上第 2 片花瓣。

22

第二層的 3 片花瓣黏合後，將花瓣尖端對齊。

23

翻到正面，完成花朵本體。

24

全部的花蕊剪下 1.5cm。

25

在花朵中心處上膠。

26

將花蕊插進中心處。

27

重複步驟 26，完成百合。

# 水仙

Narcissus

## ❀ 工具材料

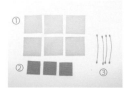

① 布 6 片（3.5cm×3.5cm）　　⑤ 鑷子
② 布 3 片（2.5cm×2.5cm）　　⑥ 保麗龍膠
③ 花蕊 4 根　　　　　　　　　⑦ 牙籤
④ 手工藝小剪刀

## ❀ 布片尺寸

布（3.5cm×3.5cm）

布（2.5cm×2.5cm）

## ❀ 步驟說明

1 拿起 1 片 3.5cm 布片。

2 沿對角線對摺成三角形。

3 沿三角形的垂直中線再次對摺。

4 用鑷子夾住三角形的正中間。

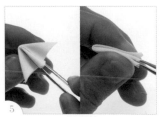

5 以步驟 3 的摺線為中線，將兩邊
分別翻起對摺。

用鑷子夾住，翻到背面，在布邊開口上膠。

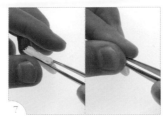

待膠半乾後，用手指捏緊布邊。（註：觸摸時不黏手，但仍有軟度即可。）

用剪刀稍微修齊膠面。（註：若有線頭露出，須一起修掉。）

翻到正面在尖端開口處上點膠。

待膠半乾後，修齊尖端。

將剪刀伸進後端的開口，剪開上膠的布邊，將花瓣打開。

重複步驟 1-11，將須製作的 6 片花瓣完成後黏合。（註：花瓣黏合的做法可參考 P.28 步驟 15-24。）

翻到正面，用鑷子尾端將花瓣撐圓。

取保麗龍膠。

在花瓣弧形內側正中間塗上膠。

用鑷子捏出尖角。

重複步驟 14-16，將 6 片花瓣的尖角完成。

拿起 1 片 2.5cm 布片。

沿對角線對摺成三角形。

沿三角形的垂直中線再次對摺。

用鑷子夾住三角形的正中間。

將兩邊分別翻起對摺。

用鑷子夾住，翻到背面，在布邊開口上膠。

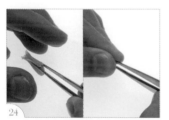
待膠半乾後，用手指捏緊布邊。（註：觸摸時不黏手，但仍有軟度即可。）

用剪刀稍微修齊膠面。（註：若有線頭露出，須一起修掉。）

翻到正面在尖端開口處上點膠。

待膠半乾後，修齊尖端。

將鑷子伸進花瓣後端，撐開花瓣。

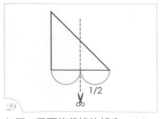
如圖，需要修剪掉的部分。（註：為側面圖。）

依照上圖所示，花瓣剪掉尖端的
一半，留下尾端。

重複步驟 18-30，將需要的 3 片
小花瓣完成。

在小花瓣底部和修剪過的布邊上
膠。

小花瓣從上方黏入步驟 17 完成
的花朵中央。

對齊其中 1 片大花瓣。

第 2 片花瓣對齊並黏進間隔 1 個
花瓣的大花瓣。

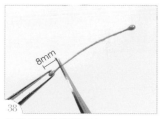

重複步驟 33-34，將第 3 片花瓣
黏合。

如圖，3 片小花瓣尖端相接，不
要留下空隙。

全部花蕊的頭剪下 8mm。

在花朵中心處上膠。

將花蕊插入花朵中心處。

重複步驟 40，完成水仙。

進階花形製作 04

# 紫陽花

*Hydrangea*

## ❀工具材料

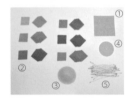

① 布 1 片（5cm×5cm）

② 布 8+8+8+8+8+12 片（2cm×2cm）

③ 保麗龍球半顆（∅3.5cm）

④ 圓形紙卡底台（∅3.5cm）

⑤ 花蕊 30 根

⑥ 手工藝小剪刀

⑦ 鑷子

⑧ 保麗龍膠

⑨ 水彩筆

⑩ 珠針

## ❀布片尺寸

圓形紙卡底台
（∅3.5cm）

布（5cm×5cm）

布（2cm×2cm）

## ❀步驟說明

拿起 1 片布片，沿對角線對摺成
三角形。

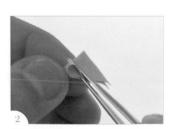

沿三角形的垂直中線再次對摺。

用鑷子夾住三角形的正中間，將兩邊分別翻起對摺。

翻到背面在布邊開口上膠，半乾捏緊後修剪膠面。

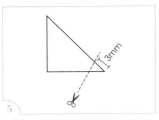

如圖，需要修剪掉的部分。（註：為側面圖。）

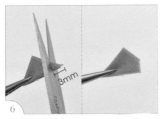

依照上圖所示，剪掉尖端 3mm。

在修剪過的尖端布邊上膠。

如圖，半乾捏緊後修剪膠面。

將剪刀伸進後端的開口，只剪開底部上膠的布邊。（註：不要剪到前端黏合的部分。）

完成 1 片花瓣。

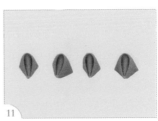

重複步驟 1-9，將需要的同色 4 片花瓣完成。

花瓣翻到背面，上膠的布邊兩兩靠近上膠，半乾後用手指捏緊。

重複步驟 12，依序將花瓣黏合。

重複步驟 12-13，將 4 片花瓣黏合。

15

翻到正面。

16

將水彩筆尾端伸進花瓣凹陷處，用手指輕壓外側，使花瓣撐圓。

17

重複步驟 16，將 4 片花瓣撐圓。

18

花蕊剪掉梗，只留下頭。

19

在花中心處上點膠。

20

黏上花蕊。

21

重複步驟 20，平均放上 3 顆花蕊，完成 1 朵花。

22

重複步驟 1-21，總共需要 10 朵花，顏色和數量可以依喜好自由搭配。

23

拿起 1 片綠色布片，將布片沿對角線對摺成三角形。

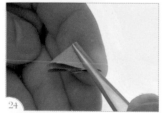

24

沿三角形的垂直中線再次對摺。

25

夾住三角形的正中間。

26

再次對摺。

27 用鑷子夾住翻到背面，在布邊開口上膠。

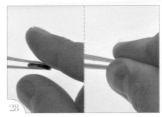

28 待膠半乾，用手指捏緊後，用剪刀稍微修齊膠面。

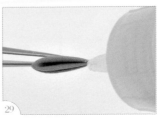

29 翻到正面在尖端開口處上點膠。

30 待膠半乾後，修齊尖端。

31 完成 1 片葉子。

32 重複步驟 23-31，將需要的 12 片葉子完成。

33 使用半顆 3.5cm 保麗龍球，不用切。

34 在紙卡一面上膠。（註：圓形紙卡的做法可參考 P.12。）

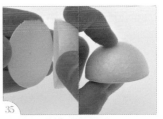

35 將半顆保麗龍球底部與紙卡黏合。

36 在紙卡另一面上膠。

37 黏在 5cm 布片中央。

38 在半顆保麗龍球表面上膠。

將布翻摺起來，包住半顆保麗龍球。

布的皺摺用剪刀修齊，完成底台。

在底台正中央插進珠針。

取 1 朵花，並在底部上膠。

將花黏在底台表面。

中央先黏上 3 朵花。

沿著中央 3 朵花的邊緣黏上第 4 朵花。

重複步驟 45，依序黏上花朵。

7 朵花之間保持適當的距離圍繞底台一圈。

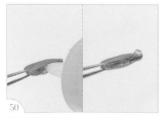

如圖，將 10 朵花與底台黏合。

拔掉珠針。

葉子底部上膠。

51 插進花朵的縫隙。

52 將葉子黏進縫隙後，稍微撐開葉面。

53 重複步驟 50-52，依序將葉子黏進縫隙。

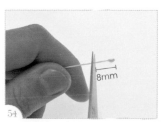

54 花蕊剪下 8mm。

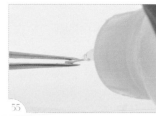

55 花蕊根部上膠。

56 插進花朵和葉子剩餘的空隙。

57 重複步驟 56，完成紫陽花。

進階花形製作 05

# 桃花

Peach blossom

## ❀工具材料

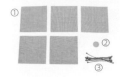

① 布 5 片（6cm×6cm）
② 圓形紙卡底台（∅1.2cm）
③ 花蕊 10 根
- - - - - - - - - - - - - - - -
④ 手工藝小剪刀
⑤ 鑷子
⑥ 保麗龍膠
⑦ 手縫線
⑧ 手縫針

## ❀布片尺寸

圓形紙卡底台
（∅1.2cm）

布片
（6cm×6cm）

## ❀步驟説明

1　拿起 1 片布片。

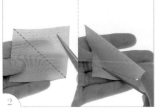

2　用鑷子夾住一角，將布片沿對角線對摺成三角形。

3　夾住三角形。

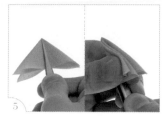

沿三角形的垂直中線再次對摺。　夾住三角形的正中間再次對摺。　用鑷子夾住。

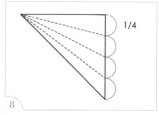

用鑷子依圖中角度夾住。　　　　如圖，斜邊4等份到直角的摺線。　承步驟7，依照ㄏ圖所示，將兩邊
　　　　　　　　　　　　　　　（註・為側面圖。）　　　　　　（桃1、桃2）往上翻摺起1/4。

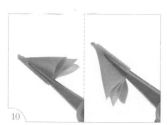

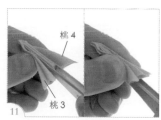

桃2

桃1

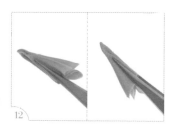

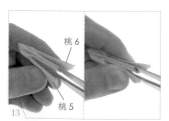

桃4

桃3

承步驟9，用鑷子夾住（桃1、　承步驟10，繼續翻摺1/4（桃3、　承步驟11，用鑷子夾住（桃3、
桃2）後，再翻轉180度。　　　　桃4）。　　　　　　　　　　　桃4）後，再翻轉180度。

桃6

桃5

承步驟12，將剩下的1/4（桃5、　承步驟13，用鑷子夾住側面，　承步驟14，將另一側修剪掉。
桃6）摺完後，5條摺邊齊平。　　並用剪刀沿中央較短的布邊修剪
　　　　　　　　　　　　　　　掉多餘的部分。

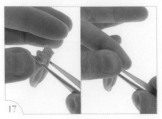

在修剪過的布邊開口上膠。

待膠半乾後，用手指捏緊布邊。
（註：觸摸時不黏手，但仍有軟度
即可。）

修齊膠面。

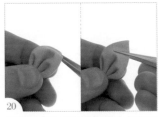

將花瓣翻到凸面。（註：為摺花
瓣時的反面。）

用鑷子夾住花瓣邊緣的尖角往下
翻，將花瓣撐澎。

完成 1 片花瓣。

重複步驟 1-20，將須製作的 5 片
花瓣完成。

手縫針穿線。

將手縫針從花瓣的一側刺入，位
置距離花瓣尖端 3mm。

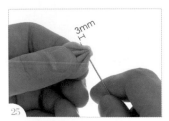

將手縫針平行穿透花瓣從另一側
出來，位置距離花瓣尖端 3mm。

將手縫針拉出，花瓣一側留下足
夠長度的線備用。

重複步驟 24-26，將手縫針穿過
第 2 片花瓣。

28 重複步驟 24-26，串聯 5 片花瓣。

29 將手縫線打結，使花瓣圍成一圈。

30 承步驟 29，將手縫線拉緊後，再打一個結。

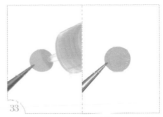

31 將手縫線從花瓣的縫隙拉到背面。

32 修剪掉多餘的手縫線，完成花朵本體。

33 將紙卡一面上膠。（註：圓形紙卡的做法可參考 P.12。）

34 紙卡上膠面朝下，黏在花朵背面中央，蓋住中間的洞。

35 花朵翻回正面。

36 在花朵中心處上膠。

37 將花蕊剪下 2cm。

38 將花蕊插進花朵中心處。

39 重複步驟 37-38，將剩餘的花蕊插進花朵中心處，完成桃花。

進階花形製作 06

# 椿花

Camellia

## ❀工具材料

① 布 5 片（3.5cm×3.5cm）
② 布 6 片（4.5cm×4.5cm）
③ 圓形紙卡底台（∅3cm）
④ 繡線（80cm）
- - - - - - - - - - - - - - - - - -
⑤ 手工藝小剪刀
⑥ 鑷子
⑦ 保麗龍膠
⑧ 手縫線
⑨ 梳子

## ❀布片尺寸

| 布（4.5cm×4.5cm） |
| 布（3.5cm×3.5cm） |

圓形紙卡底台
（∅3cm）

## ❀步驟說明

拿起 1 片 3.5cm 布片，沿對角線對摺成三角形。

沿三角形的垂直中線再次對摺。

用鑷子夾住三角形的正中間。

以步驟 2 的摺線為中線，將兩邊分別翻起對摺。

用鑷子夾住，翻到背面，在布邊開口上膠。

待膠半乾後，用手指捏緊布邊。（註：觸摸時不黏手，但仍有軟度即可。）

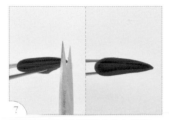

翻到正面在尖端開口處上點膠，待膠半乾後，修齊尖端。

將剪刀伸進後端的開口，剪開上膠的布邊。

在花瓣背面左右兩邊各上　點膠。

上膠的角往內摺並黏住。

重複步驟 10，將另一角內摺黏住。

如圖，摺成 1 個六角形花瓣。

從六角形花瓣尖端的方向，將正中央剪開一半。

翻回正面，用鑷子夾住花瓣圓弧的位置。

承步驟 14，將花瓣圓弧正面翻摺到背面。

16　重複步驟 14-15，將另一邊正面翻摺到背面，翻的時候注意不要讓黏合處崩開。

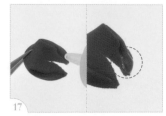

17　翻到背面，在剪開兩半的右邊尖角上膠。

18　黏上第 2 片花瓣。

19　如圖，尖角部分上下重疊。

20　重複步驟 17-18，依序黏合 5 片花瓣。

21　在最後 1 片花瓣的右邊尖角位置上膠。

22　承步驟 21，將最後 1 片與第 1 片花瓣黏合。

23　完成 3.5cm 的第一層小花瓣。

24　重複步驟 1-22，將 4.5cm 的第二層大花瓣完成。

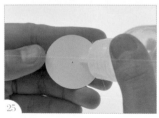

25　將紙卡一面上膠。（註：圓形紙卡的做法可參考 P.12。）

26　黏在剩下的 4.5cm 布片中央。

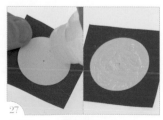

27　在紙卡另一面上膠。

28　將布翻摺進來，包住紙卡。

29　完成底台。（註：也可直接使用與布相同顏色的圓形紙卡。）

30　在底台上塗上一層膠。

31　取大花瓣，將花瓣翻到正面，中心往上推，花瓣向外翻平。

32　向下黏什底台上。

33　可以稍微壓一下確認有黏牛。

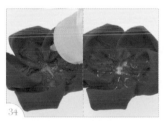

34　在黏合的大花瓣中央上膠。

35　將小花瓣從上方黏進大花瓣中央

36　黏住即可，不要用力壓，保持花瓣之間的間隙。

37　將繡線拉出需要的量。

38　剪下 80cm。

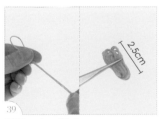

39　對摺 5 次，變成 2.5cm。

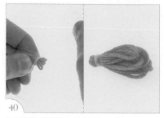

用手縫線綁緊繡線的一端。

剪開繡線較長一端。

用梳齒較密的梳子，輕輕將繡線梳開。

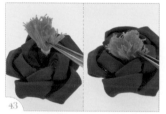

先不要上膠，直立放入花中央，長度稍微超出花瓣即可。

取出繡線，修剪掉多餘的長度，剪平。

將繡線底端上膠。

黏入花中央。

完成椿花。

# 薔薇

Multiflora rose

## ❀ 工具材料

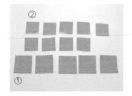

① 布 5 片（4.5cm×4.5cm）

② 布 9 片（3.5cm×3.5cm）

③ 手工藝小剪刀

④ 鑷子

⑤ 保麗龍膠

## ❀ 布片尺寸

布（4.5cm×4.5cm）

布（3.5cm×3.5cm）

## ❀ 步驟說明

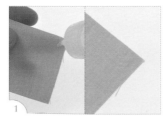

1 拿起 1 片布片，在其中一個角落上一點膠。

2 沿對角線對摺成三角形，黏住上膠的位置。

3 距離直角尖端約 1cm，塗上橫向的一條膠。

1cm

夾住一邊尖角向下翻摺並黏在上膠處。

重複步驟 4，將另一邊翻摺並黏住。

花瓣呈現鑽石形狀的五角形。（註：摺線不要壓緊，須維持弧度備用。）

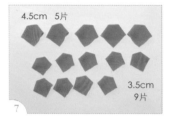

4.5cm　5片

3.5cm
9片

重複步驟 1-6，將 2 種尺寸須製作的花瓣完成。

拿起 1 片 3.5cm 的花瓣，中央橫向塗上一條膠。

對齊中央往內摺，黏住。

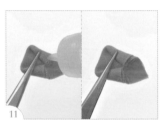

重複步驟 9，將另一邊往內摺，黏住。

在摺起來的位置塗上一點膠。

承步驟 11，對摺，完成花芯。

拿起 1 片 3.5cm 的花瓣，在布邊開口的兩邊內側塗上膠。

在步驟 6 預留的弧形塗上膠。（註：除了花芯以外，剩下所有的花瓣都是這個上膠方式。）

開始黏花瓣，花瓣底端與花芯底端對準並黏合。

16 捏住花瓣兩側上膠處，捏緊和花芯的相黏處。

17 黏上第 2 片花瓣，捏緊花瓣兩側，確保有黏好才鬆手。

18 黏合第 3 片花瓣，完成第一層。

19 第二層使用 3.5cm 的花瓣，重複步驟 13-14，上膠後，對準底端後黏合。

20 維持花瓣的弧度，越往外層花瓣包裹的程度越疏鬆。

21 改用鑷子伸進花瓣縫隙，捏緊相黏處。

22 依序將第二層 5 片花瓣黏合。

23 第三層使用 4.5cm 的花瓣，重複步驟 13-14，上膠後，依序將 5 片花瓣對準底端後黏合。

24 重複步驟 23，完成薔薇。

# 玫瑰

Rose

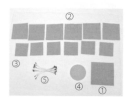

## ❀工具材料

① 布 1 片（5.5cm×5.5cm）
② 布 6 片（4.5cm×4.5cm）
③ 布 6 片（3.5cm×3.5cm）
④ 圓形紙卡底台（∅4cm）

⑤ 花蕊 10 根
⑥ 手工藝小剪刀
⑦ 鑷子

⑧ 保麗龍膠
⑨ 手縫線

## ❀布片尺寸

布（5.5cm×5.5cm）

布（4.5cm×4.5cm）

布（3.5cm×3.5cm）

圓形紙卡底台
（∅4cm）

## ❀步驟說明

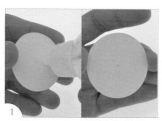

1

將紙卡一面上膠。（註：圓形紙卡的做法可參考 P.12。）

2

黏在 5.5cm 布片中央。

在紙卡另一面上膠。

將布摺起來，包住紙卡。

完成底台。（註：也可直接使用與布相同顏色的圓形紙卡。）

掌起 1 片 4.5cm 布片，沿對角線對摺成三角形。

沿三角形的垂直中線再次對摺。

用鑷子夾住三角形的正中間，將兩邊分別翻起對摺。

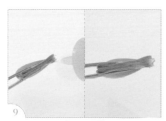

翻到背面，在布邊開口上膠。

不用等膠乾，直接黏上底台，花瓣外側對齊底台邊緣。

用鑷子輕輕打開花瓣的一邊，黏在底台上。

重複步驟 11，將另一邊打開並黏住。

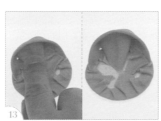

稍微壓平花瓣中央。

重複步驟 6-13，以摺 1 片花瓣黏 1 片花瓣的規律，完成第一層 3 片花瓣。

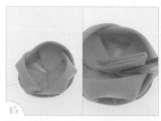

第二層使用 4.5cm 花瓣，上完膠後從上方凹洞黏入。（註：注意不要讓膠沾到已經黏好的花瓣。）

承步驟 15，將花瓣黏合後，再打開花瓣兩邊。

重複步驟 15-16，將第二層 3 片花瓣依序黏合。

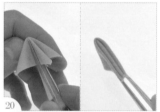

第三層使用 3.5cm 布片，沿對角線對摺成三角形。

沿三角形的垂直中線再次對摺。

用鑷子夾住三角形的正中間，將兩邊分別翻起對摺。

翻到背面，在布邊開口上膠。

承步驟 21，從上方凹洞黏入。

承步驟 22，輕輕打開花瓣。

24 重複步驟 18-23，將第三層 3 片黏合完成。

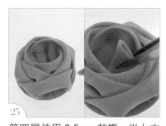

25 第四層使用 3.5cm 花瓣，從上方凹洞黏入。（註：越多層花瓣中央的空間就越小，花瓣儘量豎直放入，注意不要讓膠沾到黏好的花瓣。）

26 重複步驟 25，將第四層 3 片花瓣黏合完成。

27 完成玫瑰本體。

28 將花蕊對摺並剪成 2 半，用手縫線綁成一束。

29 約留下 2.5cm，將多餘的部分剪掉。

30 花蕊底部上膠。

31 承步驟 30，從上方黏入花瓣中央的凹洞。

32 完成玫瑰。

進階花形製作 09

# 月季

China rose

## ❀ 工具材料

① 布 5 片（4.5cm×4.5cm）
② 布 6 片（3.5cm×3.5cm）

‥‥‥‥‥‥‥‥‥‥‥‥‥‥‥‥‥‥

③ 手工藝小剪刀
④ 鑷子
⑤ 保麗龍膠
⑥ 調色盤
⑦ 糨糊
⑧ 水
⑨ 水彩筆

## ❀ 布片尺寸

| 布（4.5cm×4.5cm） |
|---|
| 布（3.5cm×3.5cm） |

## ❀ 步驟說明

拿起 1 片布片，用鑷子夾住一角，
沿對角線對摺成三角形。

沿三角形的垂直中線再次對摺。

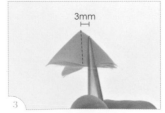

用鑷子夾住距離垂直中線 3mm
的位置。

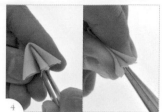

4

將兩邊分別翻起對摺。

5

用鑷子夾住，翻到背面。

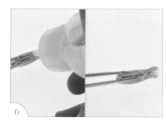

6

在布邊開口上膠。

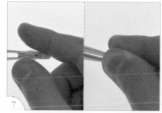

7

待膠半乾後，用手指捏緊布邊。
（註：觸摸時不黏手，但仍有軟度
即可。）

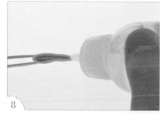

8

翻到正面在尖端開口處上點膠。

9

待膠半乾後，修齊尖端。

10

將花瓣撐圓，注意不要讓尖端的
部分綻開。

11

用鑷子夾住花瓣圓弧的位置。

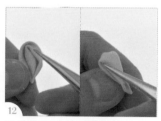

12

承步驟 11，將花瓣圓弧正面翻
摺到背面。

13

重複步驟 11-12，將另一邊正面
翻摺到背面。

14

糨糊比水的比例約 2：1。（註：
比例可依個人喜好及氣溫調整。）

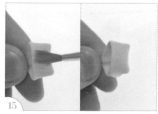

15

用水彩筆刷在花瓣圓弧的位置。

16 等待至 7 成乾。（註：變深的區域回復到原本的顏色，但還沒有全面硬化的狀態。）

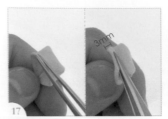

17 用鑷子夾住花瓣邊緣後，向外翻摺 3mm。

18 完成 1 片花瓣。

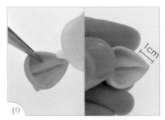

19 花瓣靠尖端 1cm 的邊緣上膠。

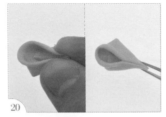

20 對摺捏起並黏住上膠的位置，留下翻摺過的弧形。

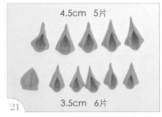

21 重複步驟 1-20，將 2 種尺寸須製作的花瓣完成，留下 1 片 3.5cm 的花瓣不要黏合。

22 拿起 1 片 3.5cm 花瓣，在黏合處塗上膠。

23 取另 1 片沒有黏合的 3.5cm 花瓣，並在靠近尖端 1cm 的邊緣上膠。

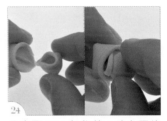

24 承步驟 23，包住第 1 片上膠的花瓣。

25 底端的部分稍微捏緊。

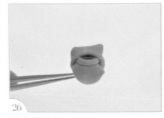

26 完成花芯。

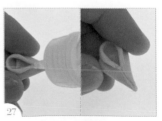

27 拿起 1 片 3.5cm 花瓣，在黏合處塗上膠。

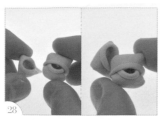

28 開始黏花瓣，花瓣底端與花芯底端對準並黏合。

29 依序黏上第 2 片花瓣。

30 將第 3 片花瓣黏合。

31 黏合 4 片花瓣，完成第一層。

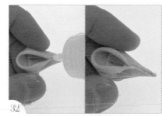

32 第二層使用 4.5cm 的花瓣，在黏合處塗上膠。

33 花瓣底端與花芯底端對準並黏合。

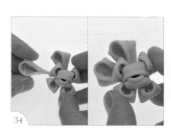

34 重複步驟 32-33，依序黏上花瓣。

35 重複步驟 32-33，將第二層 5 片花瓣黏合完成。

36 完成月季。

# 團菊

## Lump mum

### 🏵 工具材料

① 布 1 片（3cm×3cm）

② 布 8 片（2.5cm×2.5cm）

③ 布 30 片（2cm×2cm）

④ 圓形紙卡底台 2 片（∅2.5cm）

⑤ 花蕊 4 根

⑥ 手工藝小剪刀

⑦ 鑷子

⑧ 保麗龍膠

⑨ 凹好的鐵絲

### 🏵 布片尺寸

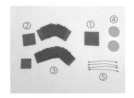

布（3cm×3cm）

布（2.5cm×2.5cm）

布（2cm×2cm）

圓形紙卡底台
（∅2.5cm）

### 🏵 步驟説明

1

拿起 1 片 2.5cm 布片，沿對角線
對摺成三角形。

2

沿三角形的垂直中線再次對摺。

3

用鑷子夾住中間。

4

以步驟 2 的摺線為中線，將兩邊
分別翻起對摺。

5 用鑷子夾住。

6 翻到背面，在布邊開口上膠。

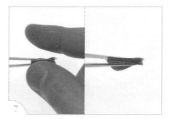

7 待膠半乾，用手指捏緊布邊後，用剪刀稍微修齊膠面。（註：觸摸時不黏手，但仍有軟度即可。）

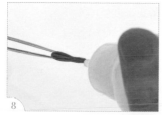

8 翻到正面，在尖端開口處上點膠。

9 待膠半乾後，修齊尖端。

10 完成 1 片圓形花瓣。

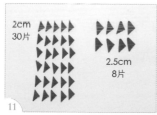

11 重複步驟 1-10，將 2 種尺寸須製作的花瓣完成。

12 將紙卡剪開一半。（註：圓形紙卡的做法可參考 P.12。）

13 在剪開的切口一側上點膠。

14 重疊紙卡後黏合，完成錐型底台。

15 先黏 2.5cm 第二層的花瓣，花瓣底部上膠。

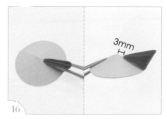

16 將花瓣黏在底台上，尾端對齊底台邊緣，尖端距離圓心 3mm。

17 在第 1 片花瓣對面黏上第 2 片花瓣，2 片花瓣尖端間隔 6mm。

18 重複步驟 15-17，依序黏上 8 片花瓣，完成第二層。

19 第一層使用 2.5cm 的花瓣，花瓣底部上膠，黏在第二層花瓣的間隔處，尖端距離圓心 1mm。

20 在第 1 片花瓣對面黏上第 2 片花瓣，2 片花瓣尖端間隔 2mm。

21 重複步驟 19-20，依序黏上 8 片花瓣，完成第一層。

22 待膠乾一陣子，用剪刀伸進第一層花瓣的底部，將花瓣和底台黏合處剪開一半。

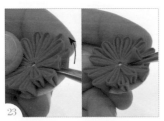

23 用鑷子夾住第一層的花瓣尾端，往上拉。

24 做出後半段懸空，沒有黏在底台上的角度。

25 取 2.5cm 的花瓣，並在底部和正面尖端 1/3 上膠。

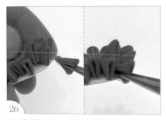

26 承步驟 25，黏進第一層花瓣正下方留出的空隙。

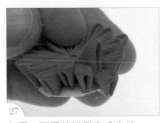

27 如圖，兩層花瓣對齊成直線。

28 重複步驟 22-27，黏合第三層的 8 片花瓣。

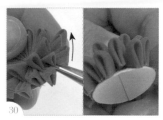
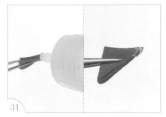

用剪刀伸進第二層花瓣的底部，將花瓣和底台黏合處剪開一半。

重複步驟 23-24，夾住花瓣尾端，往上拉，將後半段懸空。

取 3cm 的花瓣，並在底部尖端和正面尖端 1/4 上膠。

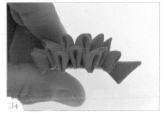

承步驟 31，黏進第二層花瓣正下方留出的空隙。

如圖，兩層花瓣對齊成直線。

從側面看每層花瓣的角度要越來越往外開。

重複步驟 29-33，黏合第四層的 8 片花瓣。

將 2.5cm 的花瓣尾端打開，弄圓。

將 2.5cm 的花瓣底部上膠。

承步驟 37，黏進花朵中央，花瓣尖端緊貼圓心。

重複步驟 36-38，依序黏上第 2 片花瓣。

重複步驟 36-38，將需要的 3 片花瓣黏合完成。

41 花瓣上膠，插進中央 3 片花瓣的間隙黏住。

42 重複步驟 41，將剩下的花瓣黏合完成。

43 夾住花瓣外緣往內翻，將第一、二、三層的花瓣弄圓。

44 重複步驟 43，將第四層的大花瓣弄圓。

45 完成花朵本體。

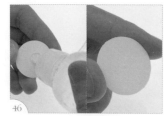

46 在第 2 片紙卡一面上膠。（註：圓形紙卡的做法可參考 P.12。）

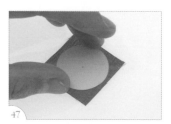

47 黏在 3cm 布片中央。

48 在紙卡另一面上膠。

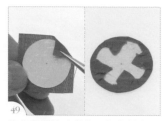

49 將布翻摺進來黏住，包住紙卡。

❊ 無鐵絲的團菊

50 在包好的紙卡上面塗上膠。

51 花朵翻到背面，將紙卡黏上後，將花朵翻回正面。

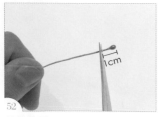

52 花蕊剪下 1cm。

53

花蕊尖端沾上膠。

54

豎著黏進花中央。

55

重複步驟 52-54，將所有花蕊黏合，完成無鐵絲的團菊。

❀ 有鐵絲的團菊

56

若需要組裝鐵絲，須承步驟 49，用錐子在包好的紙卡中心戳出洞。

57

從包布的那一面戳穿過去。

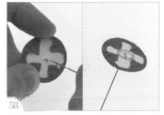

58

穿進凹好的鐵絲。（註！鐵絲凹招的做法可參考 P.13 步驟 1-9。）

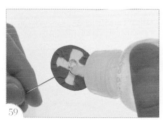

59

在紙卡那一面連同鐵絲一起，塗上較多的膠。

60

從花朵背面黏上，放置至乾燥，再重複步驟 52-54，將花蕊黏進花中央，完成有鐵絲的團菊。

進階花形製作 11

# 大理花

Dahlia

## ❀ 工具材料

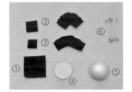

① 布 1 片（4.5cm×4.5cm）
② 布 8 片（2.5cm×2.5cm）
③ 布 30 片（2cm×2cm）
④ 圓形紙卡底台（∅3.5cm）
⑤ 保麗龍球半顆（∅4cm）
⑥ 花蕊 5 根

⑦ 手工藝小剪刀
⑧ 鑷子
⑨ 保麗龍膠
⑩ 珠針
⑪ 刀片

## ❀ 布片尺寸

| 布（4.5cm×4.5cm） |
| --- |
| 布（2.5cm×2.5cm） |
| 布（2cm×2cm） |

圓形紙卡底台
（∅3.5cm）

## ❀ 步驟說明

1. 沿半顆保麗龍球邊緣 7mm 平行切下。

2. 切好的保麗龍球直徑為 3.5cm。

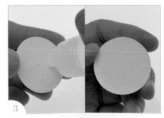

3. 在紙卡一面上膠。（註：圓形紙卡的做法可參考 P.12。）

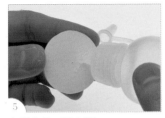

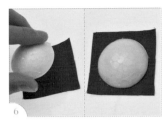

4　將紙卡和切好的保麗龍球底部黏合。

5　在紙卡另一面上膠。

6　黏在 4.5cm 布片中央。

7　將布剪成圓形。

8　在切好的保麗龍球邊緣上一圈膠。

9　將布翻摺起來，包住切好的保麗龍球。

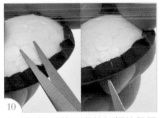

10　布的皺摺用剪刀沿著切好的保麗龍球表面修剪。

11　修掉全部的皺褶。

12　在切好的保麗龍球正中間插進珠針，作為對齊基準，完成底台。

13　拿起 1 片布片，用鑷子夾住一角，將布片沿對角線對摺成三角形。

14　沿三角形的垂直中線再次對摺。

15　用鑷子夾住三角形的正中間，將兩邊分別翻起對摺。

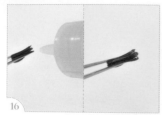

16 用鑷子夾住翻到背面，在布邊開口上膠。

17 待膠半乾後，用手指捏緊布邊。（註：觸摸時不黏手，但仍有軟度即可。）

18 用剪刀稍微修齊膠面。（註：若有線頭露出，須一起修掉。）

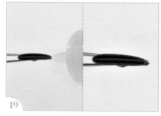

19 翻到正面，在尖端開口處上點膠。

20 待膠半乾後，修齊尖端。

21 用鑷子夾住花瓣外緣圓弧的位置。

22 承步驟 21，將花瓣正面 3mm 翻摺到外側，不要全翻。

23 將鑷子伸進花瓣尾端的對摺開口。

24 用鑷子撐開花瓣，使花瓣撐圓。

25 完成 1 片花瓣。

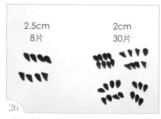

26 重複步驟 13-24，將 2 種尺寸須製作的花瓣完成。

27 第一層使用 2cm 的花瓣，在底部上膠。

| | | |
|---|---|---|
| 28 | 29 | 30 |

花瓣尖端朝向圓心距離 4mm，黏上底台。

在第 1 片花瓣對面黏上對稱的第 2 片花瓣。

2 片花瓣尖端中間距離 8mm。

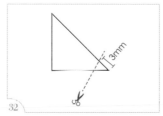
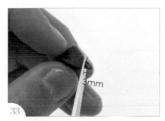

| | | |
|---|---|---|
| 31 | 32 | 33 |

重複步驟 27-30，將第一層 8 片花瓣黏合完成。

如圖，第三層使用 2.5cm 的花瓣，需要修剪掉的部分。（註：為側面圖。）

依左圖所示，剪掉尖端 3mm。

| | | |
|---|---|---|
| 34 | 35 | 36 |

在花瓣底部和修剪過的開口上膠。

尖端貼齊並黏在第一層花瓣的尾端。

兩層花瓣對齊成直線，第三層花瓣的尾端貼齊底台外緣。

| | | |
|---|---|---|
| 37 | 38 | 39 |

重複步驟 33-35，將第三層 8 片花瓣完成。

第四層使用 2cm 的花瓣，在底部上膠。

黏進第三層花瓣的間隔。

承步驟 39，花瓣尾端貼齊底台外緣。

尖端朝向圓心，對齊第一、三層花瓣的間隔。

重複步驟 38-41，將第四層 8 片花瓣黏合完成。

第二層使用 2cm 的花瓣，在底部上膠。

插進第一層花瓣的間隔。

底端壓在第四層花瓣的上面，黏住。

第二層與第四層花瓣對齊成直線。

重複步驟 43-46，將第二層 8 片花瓣黏合完成。

取 2cm 的花瓣，並在底部上膠，黏在花朵中央。

49 花瓣尖端貼齊圓心，直接壓在第一層花瓣的上面。

50 重複步驟 48-49，依序黏合 3 片花瓣，平均分散排列。

51 剩餘的花瓣上膠，插進中央 3 片的間隙後黏合。

52 重複步驟 51，將 3 片花瓣黏合，完成花朵本體。

53 拔掉珠針。

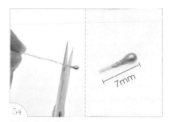

54 全部的花蕊剪下 7mm。

55 花蕊底部沾上少量的膠。

56 豎著黏進花中央。

57 重複步驟 54-56，黏合所有花蕊，完成大理花。

進階花形製作 12

# 胖梅

Plum blossom

## ❀ 工具材料

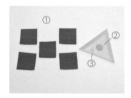

① 布 5 片（3.5cm×3.5cm）　④ 手工藝小剪刀

② 金屬花蕊　⑤ 鑷子

③ 平底珍珠　⑥ 保麗龍膠

## ❀ 布片尺寸

布（3.5cm×3.5cm）

## ❀ 步驟說明

1 拿起 1 片布片，將布片沿對角線對摺成三角形。

2 沿三角形的垂直中央線再次對摺。

3 用鑷子依圖中角度夾住。

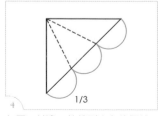

4 如圖，斜邊 3 等份到直角的摺線。（註：為側面圖。）

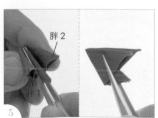

5 依照左圖所示，將兩邊（胖 1、胖 2）往上翻摺起 1/3。

承步驟5，用鑷子夾住兩邊（胖1、胖2）後，再翻轉180度。

承步驟6，摺完剩下的1/3（胖3、胖4）後，4條摺邊齊平。

用鑷子夾住側面，並用剪刀沿布邊修剪掉多餘的角。

另一邊的角沿內層布邊修剪掉。

在修剪過的布邊開口上膠。

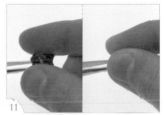

待膠半乾後，用手指捏緊布邊。（註：觸摸時不黏手，但仍有軟度即可。）

用剪刀稍微修齊膠面。（註：若有線頭露出，須一起修掉。）

將剪刀伸進後端的開口，剪開上膠的底端布邊。

重複步驟13，將底端另一邊剪開，1片花瓣底端會有3條布邊。

重複步驟1-14，將須製作的5片花瓣完成。

將2片花瓣的布邊貼齊，並用鑷子夾住。

在布邊的位置上膠，半乾後捏緊。

18 完成黏合 2 片花瓣。

19 重複步驟 16-17，依序將 5 片花瓣黏合。（註：左圖為背面；右圖為正面。）

20 翻到正面，用鑷子夾住花瓣往外翻，將花瓣翻圓。

21 承步驟 20，再夾住花瓣邊緣往內摺。

22 如圖，做出花瓣的兩圈圓弧。

23 重複步驟 20-21，將 5 片花瓣完成翻摺。

24 在花中心處上膠。

25 將金屬花蕊放進花中心處。

26 金屬花蕊中央上點膠。

27 將平底珍珠放進金屬花蕊中央。

28 完成胖梅。

# 福助菊

## Chrysanthemum

## ❀ 工具材料

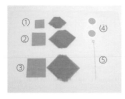

① 布 11 片（2.5cm×2.5cm）

② 布 14 片（3.5cm×3.5cm）

③ 布 8 片（4.5cm×4.5cm）

④ 圓形紙卡底台 2 片（Ø2cm）

⑤ #22 鐵絲（10cm）

⑥ 手工藝小剪刀

⑦ 鑷子

⑧ 保麗龍膠

⑨ 調色盤

⑩ 糨糊

⑪ 水

⑫ 水彩筆

⑬ 斜口鉗

## ❀ 布片尺寸

布（4.5cm×4.5cm）

布（3.5cm×3.5cm）

布（2.5cm×2.5cm）

圓形紙卡底台
（Ø2cm）

## ❀ 步驟說明

1

拿起 1 片布片，用鑷子夾住一角，沿對角線對摺成三角形。

2

沿三角形的垂直中線再次對摺。

3

夾住三角形的正中間。

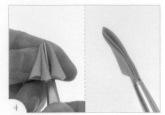

4

將三角形再次對摺。

5

用鑷子夾住側面。

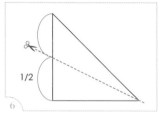

1/2

6

如圖，需要修剪掉的部分。（註：為側面圖。）

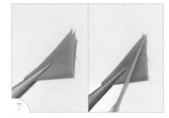

7

依照左圖所示，摺邊 1/2 到花瓣尖端的連線用剪刀剪下。

8

在布邊開口上膠。

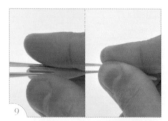

9

待膠半乾後，用手指捏緊布邊。（註：觸摸時不黏手，但仍有軟度即可。）

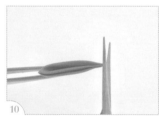

10

翻到正面，修齊尖端處。

11

打開花瓣。

12

糨糊比水的比例約 2：1。（註：比例可依個人喜好及氣溫調整。）

13

花瓣靠外端的 2/3 用水彩筆刷上糨糊水。

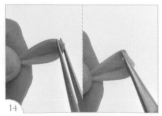

14

等待至 7 成乾，用鑷子夾住花瓣外端往內凹。

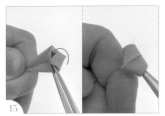

承步驟 14，將整個花瓣繼續向
內捲起，注意不要讓布邊綻開。

把花瓣做成捲翹的形狀。

完成 1 片花瓣。

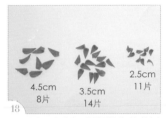

4.5cm
8片

3.5cm
14片

2.5cm
11片

重複步驟 1-15，將須製作的花瓣
完成。

將紙卡剪開一半。（註：圓形紙
卡的做法可參考 P.12。）

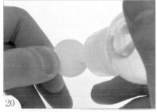

在切口邊緣上點膠。

將切口兩端的紙卡重疊後，黏成
一個錐型底台。

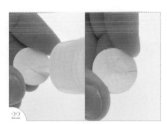

將底台凹面上點膠。

黏上鐵絲，完成底台。（註：鐵絲
凹摺的做法可參考 P.13 步驟 1-9。）

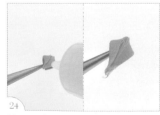

第一層使用 2.5cm 花瓣，尖端
底部上點膠。

黏上底台，尖端靠著圓心。

重複步驟 24-25，黏合第一層的
3 片花瓣，花瓣保持豎立。

27

第二層使用 2.5cm 的花瓣，尖端正面上點膠。

28

插進第一層花瓣和底台的中間，上膠的位置黏住第一層花瓣。

29

重複步驟 27-28，黏合第二層的 7 片花瓣，花瓣保持聚攏。

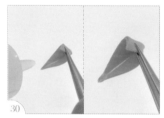

30

第三層使用 3.5cm 的花瓣，尖端正面上點膠。

31

插進第二層花瓣和底台的中間，上膠的位置黏住第二層花瓣，花瓣角度保持聚攏。

32

重複步驟 30-31，黏合第三層的 6 片花瓣。（註：花瓣除了黏著的尖端以外，須與底台保持距離。）

33

第四層使用 3.5cm 的花瓣，尖端正面上點膠。

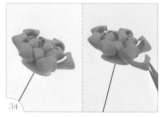

34

插進第三層花瓣和底台的中間，上膠的位置黏住第三層花瓣，花瓣角度開始往外傾斜。

35

重複步驟 33-34，黏合第四層的 8 片花瓣。

36

第五層使用 4.5cm 的花瓣，尖端正面和背面都上膠。

37

插進第四層花瓣和底台的中間，上膠的位置黏住第四層花瓣和底台。

38

重複步驟 36-37，黏合第五層的 8 片花瓣，花瓣自然散布排列，不須太過整齊。

39 用手從上方往下稍微撥散第四、五層的花瓣,將最外層做出凋落的樣子。

40 在另 1 片 2cm 紙卡一面上膠。(註:圓形紙卡的做法可參考 P.12。)

41 黏在剩下的 2.5cm 布片中央。

※ 無鐵絲的福助菊

42 在紙卡另一面上膠,包起來。

43 將底台背面的鐵絲對齊根部後剪掉。

44 包好的紙卡上膠,黏上花朵底部。

※ 有鐵絲的福助菊

45 將花朵翻回正面,完成無鐵絲的福助菊。

46 若需要組裝鐵絲,須承步驟 43,用錐子從包布的那一面穿過去,在中心戳出洞。

47 穿進凹好的鐵絲。(註:鐵絲凹摺的做法可參考 P.13 步驟 1-9。)

48 塗上膠從花朵背面黏上,放置至乾燥。

49 完成有鐵絲的福助菊。

進階花形製作 14

# 蓮花

Lotus

## ❁工具材料

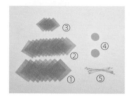

① 布 8 片（3.5cm×3.5cm）
② 布 13 片（3cm×3cm）
③ 布 4 片（2.5cm×2.5cm）
④ 圓形紙卡底台 2 片（Ø2cm）
⑤ 花蕊 10 根

⑥ 手工藝小剪刀
⑦ 鑷子
⑧ 保麗龍膠
⑨ 調色盤
⑩ 糨糊

⑪ 水
⑫ 水彩筆

## ❁布片尺寸

| 布（3.5cm×3.5cm） |
| --- |
| 布（3cm×3cm） |
| 布（2.5cm×2.5cm） |

圓形紙卡底台
（Ø2cm）

## ❁步驟説明

拿起 1 片布片，用鑷子夾住一角，
沿對角線對摺成三角形。

沿三角形的垂直中線再次對摺。

夾住三角形的正中間。

將三角形再次對摺。

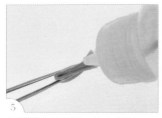

5 用鑷子夾住花瓣，在布邊開口上膠。

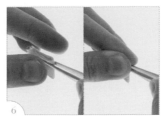

6 待膠半乾後，用手指捏緊布邊。（註：觸摸時不黏手，但仍有軟度即可。）

7 用剪刀稍微修齊膠面。

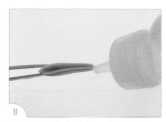

8 翻到正面在尖端開口處上點膠。

9 待膠半乾後，修齊尖端。

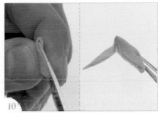

10 將剪刀伸進尖端中央縫隙，剪開布邊的 2/3。

11 剪開的兩片（蓮 1、蓮 2）往上翻摺。

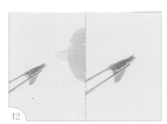

12 布邊上膠。

13 用手指捏緊布邊。

14 黏合 1 片花瓣。

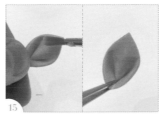

15 花瓣尖端刷上糨糊水。（註：糨糊比水的比例約 2：1，可依個人喜好及氣溫調整。）

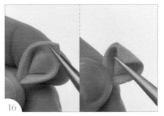

16 等待至 7 成乾，夾住尖端往內凹。（註：變深的區域回復到原本的顏色，但還沒有全面硬化的狀態。）

187

花瓣邊緣呈現勾形。

完成 1 片花瓣。

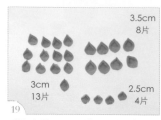

3.5cm
8片

3cm
13片

2.5cm
4片

重複步驟 1-16，將 3 種尺寸須製作的花瓣完成。

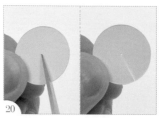

將底台剪開一半。（註：圓形紙卡的做法可參考 P.12。）

切口一側上點膠。

交疊後黏合，完成錐型底台。

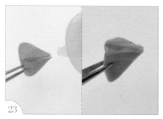

先黏第三層 3cm 的中花瓣，花瓣底部上膠。

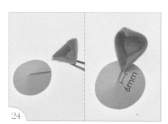

6mm

對齊中心黏上底台，花瓣尖端距離中心 6mm。

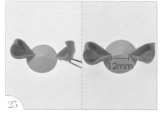

12mm

在第 1 片花瓣對面黏上第 2 片花瓣，2 片花瓣尖端間隔 12mm。

重複步驟 23-25，黏合第三層的 8 片花瓣。

中花瓣底部上膠，在第三層裡面黏上第二層。

相鄰黏上第 2 片花瓣。

29

依序黏上第 3 片花瓣。

30

將第 4 片花瓣黏合。

31

第二層 5 片花瓣黏合完成。

32

取 2.5cm 的小花瓣,並在底部上膠。

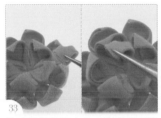

33

將小花瓣黏進中心,注意不要讓膠沾到第二層花瓣。

34

重複步驟 32-33,將第一層 3 片小花瓣黏合完成,花瓣呈聚攏狀。

35

將花朵翻過來。

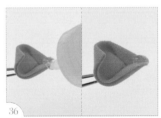

36

取 3.5cm 的大花瓣,並在正面尖端上膠。

37

將花瓣反著向下黏住底台邊緣。

38

重複步驟 36-37,黏合第四層的 8 片花瓣。

39

在另 1 片 2cm 紙卡一面上膠。
(註:圓形紙卡的做法可參考P.12。)

40

黏在剩下的 2.5cm 布片中央。

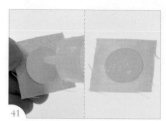

41 在紙卡另一面上膠。

42 將布翻摺進來，包住紙卡。

43 承步驟 42，包好的紙卡上膠，黏上花朵底部。

44 將花朵翻回正面。

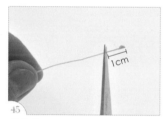

45 花蕊剪下 1cm。

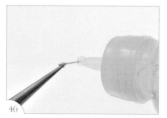

46 花蕊根部沾上膠。

47 將花蕊插進花中央。

48 重複步驟 45-47，完成蓮花。

進階花形製作 15

# 大蕊萍

Water lettuce

## ❀工具材料

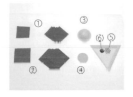

① 布 5 片（3cm×3cm）　⑤ 金屬花蕊　　⑧ 鑷子
② 布 11 片（3.5cm×3.5cm）　⑥ 平底鑽　　⑨ 保麗龍膠
③ 保麗龍球半顆（∅3.5cm）　⑦ 手工藝小剪刀　⑩ 珠針
④ 圓形紙卡底台（∅2.5cm）　　　　　　　　⑪ 刀片

## ❀布片尺寸

布（3.5cm×3.5cm）

布（3cm×3cm）

圓形紙卡底台
（∅2.5cm）

## ❀步驟說明

沿半顆保麗龍球邊緣 1cm 平行
切下。

切好的保麗龍球直徑為 2.5cm。

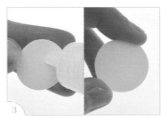

在紙卡一面上膠。（註：圓形紙
卡的做法可參考 P.12。）

將紙卡和切好的保麗龍球底部黏
合。

在紙卡另一面上膠。

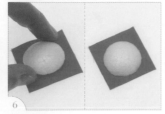

黏在 3.5cm 布片中央。

將布剪成圓形。

在切好的保麗龍球邊緣上一圈膠。

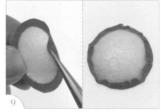

將布翻摺起來，包住切好的保麗龍球。

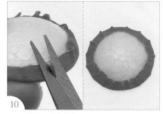

布的皺摺用剪刀修齊。

在切好的保麗龍球中央插進珠針，完成底台。

拿起 1 片布片，用鑷子夾住一角。

將布片沿對角線對摺成三角形。

沿三角形的垂直中央線再次對摺。

用鑷子依圖中角度夾住。

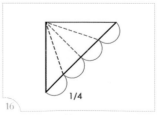

如圖，斜邊 4 等份到直角的摺線。
（註：為側面圖。）

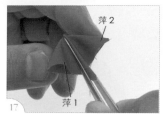

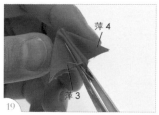

依照上圖所示，將兩邊（萍1、萍2）上翻摺起 1/4。

承步驟 17，用鑷子夾住（萍1、萍2）後，再翻轉 180 度。

承步驟 18，繼續翻摺 1/4（萍3、萍4）。

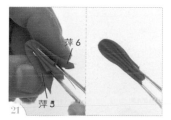

承步驟 19，用鑷子夾住（萍3、萍4）後，再翻轉 180 度。

承步驟 20，將剩下的 1/4（萍5、萍6）摺完後，5 條摺線齊平。

用鑷子夾住側面，沿布邊角度平行沿伸至摺邊最短處修剪掉。

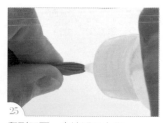

在修剪過的布邊開口上膠。

待膠半乾後，用手指捏緊布邊。（註：觸摸時不黏手，但仍有軟度即可。）

翻到正面，尖端開口上膠。

待膠半乾後，修齊尖端。

用鑷子夾住花瓣邊緣。

往外翻摺至外側。

翻摺的寬度約 2mm。

完成 1 片花瓣。

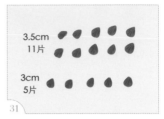

3.5cm
11片

3cm
5片

重複步驟 12-29，把 2 種尺寸須製作的花瓣完成。

第一層使用 3cm 的花瓣，在底部上膠。

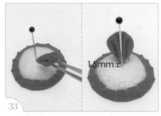

1.5mm工

將花瓣黏在底台上，並以珠針為中心對齊，花瓣尖端須距離中心 1.5mm。

重複步驟 32-33，將第一層 5 片花瓣完成。

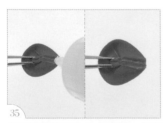

第二層使用 3.5cm 的花瓣，在底部上膠。

插進第一層花瓣的間隔處後黏合。

重複步驟 35-36，將第二層 5 片花瓣黏合完成。

38 第三層使用 3.5cm 的花瓣，在底部上膠。

39 插進第二層花瓣的間隔處，尖端貼住第一層花瓣的尾端。

40 重複步驟 38-39，將第三層 5 片花瓣完成。

41 拔掉作為中心點的珠針。

42 在花中心處上膠。

43 將金屬花蕊放進花芯中心處。

44 金屬花蕊中央上點膠。

45 將平底鑽放進金屬花蕊中央。

46 完成大蕊萍。

進階花形製作 16

# 洛神花

Roselle

## ❀工具材料

① 布 5 片（4.5cm×4.5cm）
② 布 8 片（3.5cm×3.5cm）

③ 手工藝小剪刀
④ 鑷子
⑤ 保麗龍膠
⑥ 調色盤
⑦ 糨糊
⑧ 水
⑨ 水彩筆

## ❀布片尺寸

| 布（4.5cm×4.5cm） |
| 布（3.5cm×3.5cm） |

## ❀步驟說明

1
拿起 1 片布片，用鑷子夾住一角，沿對角線對摺成三角形。

2
沿三角形的垂直中線再次對摺。

3
夾住三角形的正中間，將三角形再次對摺。

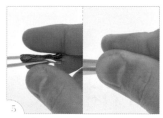

用鑷子夾住花瓣翻到背面,在布邊開口上膠。

待膠半乾用手指捏緊布邊,用剪刀稍微修齊膠面。

翻到正面在尖端開口處上點膠。

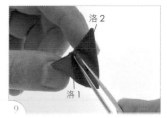

待膠半乾後,修齊尖端。

將剪刀伸進尖端中央縫隙,剪開布邊的 3/4。

剪開的兩片(洛1、洛2)往上翻摺。

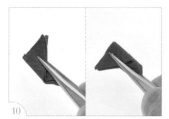

承步驟 9,用鑷子夾住剪開的兩片(洛1、洛2)後,再翻轉180度。

承步驟10,將剩下的 1/2(洛3、洛4)往上翻摺,夾住中間兩摺布邊。

布邊上膠黏住,用手指捏緊。

黏合 1 片花瓣。

糨糊比水的比例約 2:1。(註:比例可依個人喜好及氣溫調整。)

花瓣靠外端的 1/2 用水彩筆刷上糨糊水。

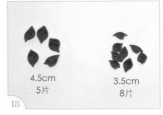

等待至 7 成乾，用鑷子夾住外端往外凹。

把花瓣邊緣做成朝外的尖刺形狀，完成 1 片花瓣。

重複步驟 1-17，將 2 種尺寸須製作的花瓣完成。

第一層使用 3.5cm 的花瓣，在花瓣下端右側邊緣塗上膠。

承步驟 19，將 2 片 3.5cm 花瓣交疊黏合。

重複步驟 19-20，將第 3 片花瓣，交錯黏合。

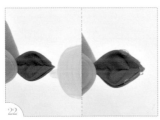

第二層使用 3.5cm 的花瓣，在花瓣下端兩側邊緣塗上膠。

花瓣底端對準第一層花瓣的底端黏合。

重複步驟 22-23，將第二層 5 片花瓣黏合完成，高度略低於第一層的花瓣。

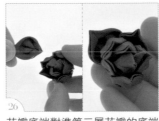

第三層使用 4.5cm 的花瓣，在花瓣下端兩側邊緣塗上膠。

花瓣底端對準第二層花瓣的底端黏合。

重複步驟 25-26，將第三層 5 片花瓣黏合，完成洛神花。

進階花形製作 17

# 牡丹

Tree peony

## ❀ 工具材料

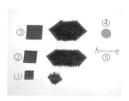

① 布 3 片（2.5cm×2.5cm）
② 布 12 片（3.5cm×3.5cm）
③ 布 10 片（4.5cm×4.5cm）
④ 圓形紙卡底台 2 片（∅2.5cm）

⑤ 花蕊 7 根
⑥ 手工藝小剪刀
⑦ 鑷子

⑧ 保麗龍膠
⑨ 調色盤
⑩ 糨糊
⑪ 水

⑫ 水彩筆
⑬ 牙籤

## ❀ 布片尺寸

布（4.5cm×4.5cm）

布（3.5cm×3.5cm）

布（2.5cm×2.5cm）

圓形紙卡底台
（∅2.5cm）

## ❀ 步驟說明

拿起 1 片 3.5cm 布片，將布片沿
對角線對摺成三角形。

沿三角形的垂直中央線再次對摺。

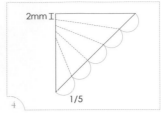

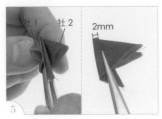

3 用鑷子依圖中角度夾住。

4 如圖,以 2mm 的距離到斜邊,各自分成 5 等份的摺線。(註:為側面圖。)

5 依照左圖所示,將兩邊(牡 1、牡 2)往上翻摺起 1/5,外側留下 2mm。

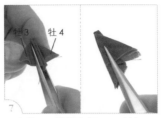

6 承步驟 5,用鑷子夾住(牡 1、牡 2)後,再翻轉 180 度。

7 承步驟 6,繼續翻摺 1/5(牡 3、牡 4),摺邊對齊前面的摺邊。

8 承步驟 7,用鑷子夾住(牡 3、牡 4)後,再翻轉 180 度。

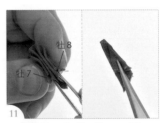

9 承步驟 8,繼續翻摺 1/5(牡 5、牡 6),摺邊對齊前面的摺邊。

10 承步驟 9,用鑷子夾住(牡 5、牡 6)後,再翻轉 180 度。

11 承步驟 10,將剩下的 1/5(牡 7、牡 8)摺完後,6 條摺邊齊平。

12 用鑷子夾住側面,沿布邊角度平行沿伸至摺邊最短處剪掉。

13 布邊修剪完成。

14 在修剪過的布邊開口上膠。

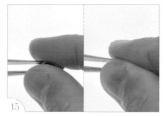

待膠半乾後，用手指捏緊布邊。（註：觸摸時不黏手，但仍有軟度即可。）

黏合 1 片花瓣。

糨糊比水的比例約 2：1。（註：比例可依個人喜好及氣溫調整。）

花瓣靠外端的 2/3 用水彩筆刷上糨糊水。

等待至 7 成乾。（註：變深的區域回復到原本的顏色，但還沒有全面硬化的狀態。）

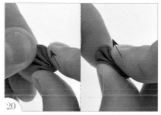

用手指從尖端開始，沿著之前摺過的摺線捏出摺痕。

承步驟 20，將花瓣從尖端到尾端捏扁。

將 6 條摺邊用鑷子分成 3 條為一邊，再往兩側夾開，以打開花瓣。

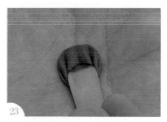

將花瓣放在掌心，用鑷子的圓形尾端壓住花瓣中央下半部。

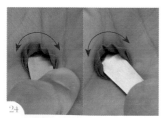

左右碾轉，壓開摺邊。

將花瓣尖端下半部塑成勺型，上半部的摺邊維持摺痕。

完成 1 片 3.5cm 的花瓣。

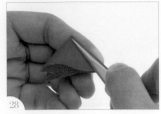

27 拿起 1 片 4.5cm 布片，將布片沿對角線對摺成三角形。

28 沿三角形的垂直中央線再次對摺。

29 用鑷子依圖中角度夾住。

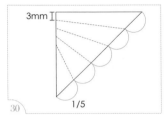

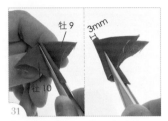

30 如圖，以 3mm 的距離到斜邊，各自分成 5 等份的摺線。（註：為側面圖。）

31 依照左圖所示，將兩邊（牡 9、牡 10）往上翻摺起 1/5，外側留下 3mm。

32 承步驟 31，用鑷子夾住（牡 9、牡 10）後，再翻轉 180 度。

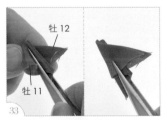

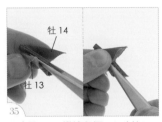

33 承步驟 32，繼續翻摺 1/5（牡 11、牡 12），摺邊對齊前面的摺邊。

34 承步驟 33，用鑷子夾住（牡 11、牡 12）後，再翻轉 180 度。

35 承步驟 34，繼續翻摺 1/5（牡 13、牡 14），摺邊對齊前面的摺邊。

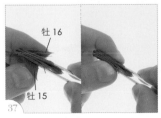

36 承步驟 35，用鑷子夾住（牡 13、牡 14）後，再翻轉 180 度。

37 承步驟 36，將剩下的 1/5（牡 15、牡 16）摺完後，6 條摺邊齊平。

38 用鑷子夾住側面。

沿著布邊將多餘的角修剪掉。　在布邊開口上膠。　待膠半乾後，用手指捏緊布邊。
（註：觸摸時不黏手，但仍有軟度
即可。）

 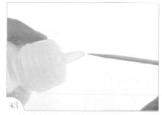 

6條摺邊中，會有2摺邊的前端　牙籤尖端上一點膠。　伸進第一摺二摺中間，在第二摺
因為比較短，沒有被黏住。　　布邊的尖端點上膠。

夾住第二摺，將尖端往下塞。　用鑷子夾緊第一摺和第三摺，黏　承步驟46，夾住第一、二、三
住上膠的第二摺尖端。　　摺並往外翻。

另一邊的第二摺尖端，用沾膠的　夾住第二摺，將尖端往下塞。　夾緊第一摺和第三摺，黏住上膠
牙籤塗上膠。　　的第二摺尖端。

51
承步驟 50，將另一邊的第一、二、三摺夾住並往外翻。

52
黏合 1 片花瓣。

53
花瓣靠外端的 2/3 用水彩筆刷上糨糊水。（註：糨糊比水的比例約 2：1，可依個人喜好及氣溫調整。）

54
等待至 7 成乾後，從尖端開始沿著之前摺過的摺線，用手指捏出摺痕。

55
承步驟 54，將花瓣尖端到尾端捏扁。

56
將花瓣放在掌心，用鑷子的圓形尾端壓住花瓣中央下半部。

57
左右碾轉，壓開摺邊。

58
將花瓣尖端下半部塑成勺型，上半部的摺邊維持摺痕，完成 1 片 4.5cm 的花瓣。

59
拿起 1 片 2.5cm 布片，將布片沿對角線對摺成三角形。

60
沿三角形的垂直中央線再次對摺。

61
用鑷子依圖中角度夾住。

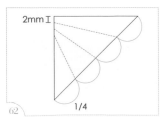

62
以 2mm 的距離到斜邊，各自分成 4 等份的摺線。（註：為側面圖。）

依照上圖所示，將兩邊（牡 17、牡 18）往上翻摺起 1/4，外側留下 2mm。

承步驟 63，用鑷子夾住（牡 17、牡 18）後，再翻轉 180 度。

承步驟 64，繼續摺 1/4（牡 19、牡 20），摺邊對齊前面的摺邊。

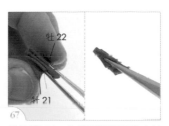

承步驟 65，用鑷子夾住（牡 19、牡 20）後，再翻轉 180 度。

承步驟 66，先用手將剩下的 1/4（牡 21、牡 22）摺完後，5 條摺邊齊平。

用鑷子夾住側面，沿著布邊修剪掉多餘的角。

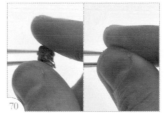

在布邊開口上膠。

待膠半乾後，用手指捏緊布邊。（註：觸摸時不黏手，但仍有軟度即可。）

黏合 1 片花瓣。

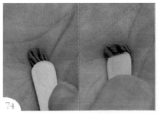

花瓣靠外端的 2/3 用水彩筆刷上糨糊水。（註：糨糊比水的比例約 2：1，可依個人喜好及氣溫調整。）

等待至 7 成乾後，從尖端開始到尾端為止，沿著之前摺過的摺線，用手指捏出摺痕。

將花瓣放在掌心，用鑷子的圓型尾端壓住花瓣中央下半部，左右碾轉，壓開摺邊。

75

將花瓣尖端下半部塑成勺型，上半部的摺邊維持摺痕，完成 1 片 2.5cm 的花瓣。

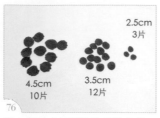

76

2.5cm 3片

4.5cm 10片

3.5cm 12片

將 3 種尺寸須製作的花瓣完成。

77

將紙卡朝圓心剪開一半。（註：圓形紙卡的做法可參考 P.12。）

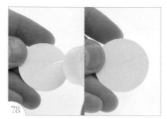

78

在切口邊緣上點膠。

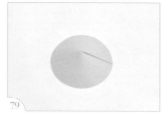

79

將切口兩端的紙卡重疊後黏合，完成錐型底台。

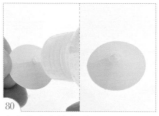

80

底台中央尖端上點膠。

81

第一層使用 2.5cm 的花瓣，黏上底台，尖端靠著圓心，花瓣保持豎立。

82

重複步驟 81，黏合第一層 3 片花瓣，花瓣保持聚攏。

83

1mm

第二層使用 3.5cm 的花瓣，尖端修剪掉 1mm。

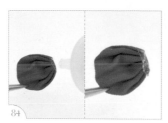

84

在尖端修剪過的位置上膠。

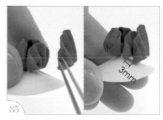

85

3mm

尖端距離第一層花瓣的尖端 3mm，不要貼著，黏上底台。

86

重複步驟 83-85，黏合第二層 5 片花瓣。

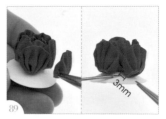

用手指稍微掐住第一、二層的花瓣，讓花瓣保持聚攏。

第三層使用 3.5cm 花瓣，尖端上點膠。

尖端與前一層花瓣的尖端保持 3mm 的距離，黏上底台。

重複步驟 88-89，黏合第三層 7 片花瓣。

第四層使用 4.5cm 的花瓣，尖端修剪掉 3mm。

在尖端修剪過的位置上膠。

插進第三層花瓣和底台的中間，上膠的位置黏住第三層花瓣和底台。

重複步驟 91-93，黏合第四層 8 片花瓣。

聚攏花瓣。

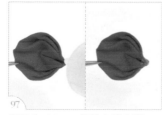

用手指稍微將第四層花瓣的一部分撥散開來。

剩下的 4.5cm 花瓣尖端上膠。

將花朵翻面，花瓣反著向下黏在第四層的縫隙。

99 隔段距離黏上第 2 片花瓣。

100 做出外層花瓣凋零的樣子。

101 在另 1 片 2.5cm 紙卡一面上膠。
（註：圓形紙卡的做法可參考 P.12。）

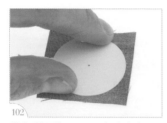

102 黏在剩下的 3.5cm 布片中央。

103 在紙卡另一面上膠。

104 將布摺起來，包住紙卡。

105 包好的紙卡上膠，黏上花朵底部。

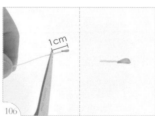

106 花蕊剪下 1cm。

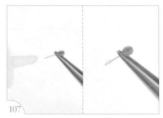

107 花蕊根部上點膠。

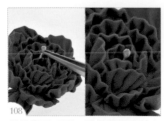

108 花朵翻回正面，將花蕊插進花心中央。

109 重複步驟 106-108，黏合剩下的花蕊。

110 完成牡丹。

進階花形製作 18

# 鶴

Crane

## ❀工具材料

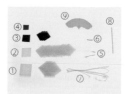

① 布 白色 12 片（3.5cm×3.5cm）
② 布 白色 33 片（3cm×3cm）
③ 布 黑色 8 片（2.5cm×2.5cm）
④ 布 紅色 1 片（1.5cm×1.5cm）
⑤ 1mm 金細繩 2 條（3cm）

⑥ 1mm 黑細繩（1.5cm）
⑦ 1mm 白細繩
⑧ 2mm 鋁線（7.5cm）
⑨ 鶴紙型紙卡

⑩ 手工藝小剪刀
⑪ 鑷子
⑫ 保麗龍膠
⑬ 半口尖嘴鉗
⑭ 打火機

## ❀布片尺寸

布（3.5cm×3.5cm）

布（3cm×3cm）

布（2.5cm×2.5cm）

布
（1.5cm
　　×1.5cm）

## ❀步驟說明

1

鋁線剪下 7.5cm。

2

將鋁線凹成 S 型。

3

取 1.5cm 的黑細繩，一端用打火機稍微燒過。

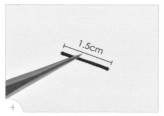

4

另一端同樣用打火機稍微燒過，作為嘴巴。

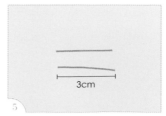

5

重複步驟 3-4，取 2 根 3cm 的金色細繩，作為腳。

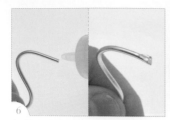

6 鋁線一端塗上膠。

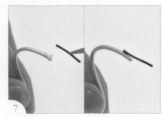

7 將黑細繩黏在正上方。

8 承步驟 7，依序在鋁線上塗膠。

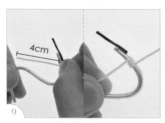

9 白細繩留下 4cm 後，纏繞鋁線。

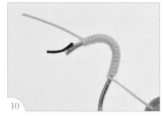

10 順著鋁線弧度緊密纏繞，不要露出裡面的鋁線。

11 頭部的鋁線上膠。

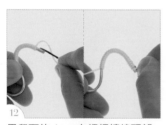

12 用留下的 4cm 白細繩纏繞頭部。

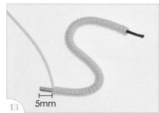

13 承步驟 10，持續纏繞至鋁線另一端，留下 5mm。

14 剪掉多餘的白細繩。

15 白細繩上膠並黏合，完成脖子。

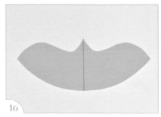

16 將 P.216 附上的紙型描在紙卡上後剪下。

17 在紙卡尖端中央塗上膠。

取脖子,黏在紙型中間的尖端處。

拿起 1 片黑色布片,沿對角線對摺成三角形。

沿三角形的垂直中央線再次對摺。

用鑷了夾仕三角形的正中間。

將兩邊分別翻起對摺。

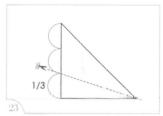

如圖,需要修剪掉的部分。(註:為側面圖。)

依照上圖所示,摺邊 1/3 到花瓣尖端的連線用剪刀剪下。

翻到背面,在布邊開口上膠。

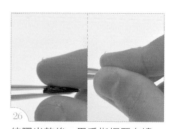

待膠半乾後,用手指捏緊布邊。(註:觸摸時不黏手,但仍有軟度即可。)

用剪刀稍微修齊膠面。(註:若有線頭露出,須一起修掉。)

用鑷子夾住花瓣外緣往內翻,將花瓣翻圓。

完成 1 片圓形花瓣。

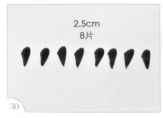

2.5cm
8片

30

重複步驟 19-28，將需要的 8 片
黑色圓形花瓣完成。

31

重複步驟 19-28，取 3cm 的白色
布片，完成 1 片圓形花瓣。

32

拿起 1 片 3cm 的白色布片，沿
對角線對摺成三角形。

33

沿三角形的垂直中線再次對摺。

34

夾住三角形的正中間。

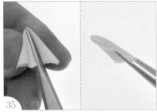

35

將三角形再次對摺。

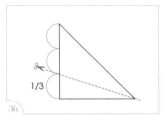

1/3

36

如圖，需要修剪掉的部分。（註：
為側面圖。）

37

依照左圖所示，摺邊 1/3 到花瓣
尖端的連線用剪刀剪下。

38

在布邊開口上膠。

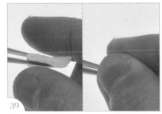

39

待膠半乾後，用手指捏緊布邊。
（註：觸摸時不黏手，但仍有軟度
即可。）

40

完成 1 片尖形花瓣。

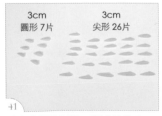

3cm          3cm
圓形 7片     尖形 26片

41

重複步驟 19-28，完成 7 片 3cm
的圓形花瓣；重複步驟 32-39，
完成 26 片 3cm 的尖形花瓣。

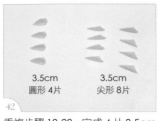

3.5cm
圓形 4片

3.5cm
尖形 8片

重複步驟 19-28，完成 4 片 3.5cm
的圓形花瓣；重複步驟 32-39，完
成 8 片 3.5cm 的尖形花瓣。

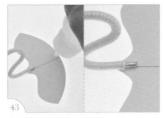

在紙型圓弧的一側塗上膠。

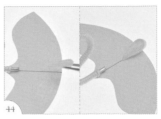

承步驟 43，在紙型圓弧正中間黏
上 1 片 3cm 白色圓形花瓣，花
瓣邊緣貼齊紙型邊緣。

貼著花瓣側面，黏上腳。

另一邊黏上另 1 隻腳。

取 3cm 白色圓形花瓣，黏在白色
圓形花瓣旁並夾住腳。

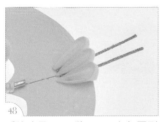

重複步驟 47，將 3cm 白色圓形
花瓣黏合。

取 2.5cm 黑色圓形花瓣，黏在
3cm 白色圓形花瓣旁。

如圖，花瓣邊緣貼齊紙型邊緣。

重複步驟 49-50，依序並排黏上
4 片黑色圓形花瓣。

重複步驟 49-51，將另一邊對稱位
置並排黏上 4 片黑色圓形花瓣。

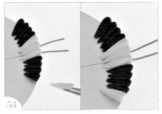

取 3cm 的白色尖形花瓣，黏在
2.5cm 的黑色圓形花瓣旁，花瓣
邊緣貼齊紙型邊緣。

54
重複步驟 53，依序並排黏上 6
片，直到紙型邊緣。

55
重複步驟 53-54，將另一邊對稱位
置並排黏上 6 片白色尖形花瓣。

56
紙型中央塗上點膠。

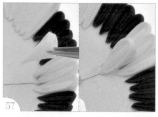

57
正中間黏上 1 片 3cm 白色圓形
花瓣，花瓣尾端一半壓住第 1 片
黏上的 3cm 白色圓形花瓣。

58
取 3.5cm 白色圓形花瓣，尖端
朝向脖子黏在 3cm 白色圓形花
瓣的前方。

59
取另 1 片 3.5cm 白色圓形花瓣，
尖端朝向脖子黏在 3cm 白色圓
形花瓣的前方，並夾住中間的花
瓣。

60
取 3cm 的白色圓形花瓣，黏在
3.5cm 的白色圓形花瓣旁。

61
取 3cm 白色尖形花瓣，依序並
排黏上 4 片。

62
紙型邊緣黏上 3.5cm 白色尖形
花瓣的尖端，角度略為往前。

63
取第 2 片 3.5cm 白色尖形花瓣，
將尖端黏在紙型上，角度越來越
往前。

64
第 3 片 3.5cm 白色尖形花瓣的
尖端黏在紙型上，做成羽毛展開
的樣子。

65
重複步驟 60-64，依序在另一邊
的對稱位置黏上花瓣。

並排黏上 2 片 3cm 白色尖形花瓣，尾端壓住翅膀尖端的 3.5cm 白色尖形花瓣。

重複步驟 66，將另一邊的對稱位置黏上 2 片 3cm 白色尖形花瓣。

取 3.5cm 白色圓形花瓣，尖端黏住脖子根部的右側。

取另 1 片 3.5cm 白色圓形花瓣，尖端黏在脖子根部的左側並夾住中間的脖子。

橫向黏上 3cm 白色尖形花瓣，尖端插入前一步驟的 3.5cm 白色圓形花瓣下面。

並排橫同黏上 3.5cm 白色尖形花瓣，尖端同樣插入 3.5cm 白色圓形花瓣下面。

重複步驟 66-71，依序在另一邊的對稱位置黏上花瓣。

3cm 白色圓形花瓣底端布邊上膠處，剪開一半。

底端塗上膠。

黏在脖子根部上方正中間。

剪開的兩側布邊分別黏進 2 片 3.5cm 白色圓形花瓣裡面。

拿起 1 片紅色布片，沿對角線對摺成三角形。

78

沿三角形的垂直中線再次對摺。

79

用鑷子夾住三角形的正中間,將兩邊分別翻起對摺。

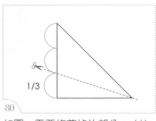

80

1/3

如圖,需要修剪掉的部分。(註:為側面圖。)

81

依照上圖所示,摺邊 1/3 到花瓣尖端的連線用剪刀剪下。

82

在布邊開口上膠。

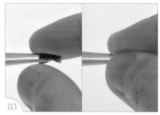

83

待膠半乾後,用手指捏緊布邊。(註:觸摸時不黏手,但仍有軟度即可。)

84

翻到正面,修剪尖端。

85

花瓣底端上膠。

86

黏在頭部的位置。

87

用鑷子夾住外緣往內將花瓣翻圓,完成鶴。

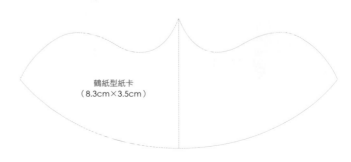

鶴紙型紙卡
(8.3cm×3.5cm)

進階花形製作 19

# 金魚
Goldfish

## ❀ 工具材料

① 布 1 片（3.5cm×3.5cm）
② 布 3 片（2.5cm×2.5cm）
③ 珠子 2 粒（∅0.6cm）
④ 千工藝小剪刀
⑤ 鑷子
⑥ 保麗龍膠

## ❀ 布片尺寸

布（3.5cm×3.5cm）

布（2.5cm×2.5cm）

## ❀ 步驟説明

1
拿起 1 片 3.5cm 布片。

2
用鑷子夾住一角，將布片沿對角線對摺成三角形。

3
沿三角形的垂直中線再次對摺。

4
用鑷子夾住三角形的正中間，將兩邊分別翻起對摺。

5
用鑷子夾住翻到背面，在布邊開口上膠。

待膠半乾後，用手指捏緊布邊。
（註：觸摸時不黏手，但仍有軟度
即可。）

用剪刀稍微修齊膠面。（註：若
有內層布露出，須一起修掉。）

翻到正面在尖端開口處上點膠。

待膠半乾後，修齊尖端。

將花瓣尾端對摺處用鑷子撐開，
使花瓣撐圓。

用鑷子夾住花瓣圓弧的位置，正
面翻摺到背面。

重複步驟 11，將另一邊夾住翻
摺到背面。

完成金魚的身體。

拿起 1 片 2.5cm 布片。

用鑷子夾住一角，將布片沿對角
線對摺成三角形。

沿三角形的垂直中線再次對摺。

將兩邊分別翻起對摺。

用鑷子夾住翻到背面，在布邊開口上膠。

待膠半乾後捏緊布邊，用剪刀稍微修齊膠面。

翻到正面在尖端開口處上點膠。

待膠半乾後，修齊尖端。

重複步驟 14-21，將須製作的 3 片花瓣完成。

將 3 片花瓣黏合，作為尾巴。（註，請依照 P.36 二合一圓形葉子的做法黏合 3 片花瓣。）

取 3.5cm 的身體翻到背面，在尖端上膠。

翻回正面，將身體和尾巴黏合。

完成金魚本體。

將珠子塗上一點膠。

黏在金魚身體的右前方。

將另 1 個珠子黏在身體的左前方，完成金魚。

進階花形製作 20

# 蝴蝶

Butterfly

## ❀工具材料

① 布2+2 片（3.5cm×3.5cm）　　⑤ 珠子3顆（Ø0.4cm）　　⑧ 保麗龍膠

② 布 2 片（2.5cm×2.5cm）　　⑥ 手工藝小剪刀

③ 圓形紙卡底台（Ø1.2cm）　　⑦ 鑷子

④ 花蕊 1 根

## ❀布片尺寸

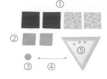

布（3.5cm×3.5cm）

布（2.5cm×2.5cm）

圓形紙卡底台
（Ø1.2cm）

## ❀步驟說明

雙層的 3.5cm 二色裡，先拿起
1 片內層顏色布片。

用鑷子夾住一角，將布片沿對角
線對摺成三角形後，用空手捏住。

拿起 1 片 3.5cm 外層顏色布片。

用鑷子夾住一角，將布片沿對角
線對摺成三角形。

外層疊上內層，二色三角形重疊，直角邊緣留下 2mm 不要完全遮住。

將二層三角形一起，再次對摺。

用鑷子夾住內層三角形的中間，將二層布的兩邊分別翻起對摺。

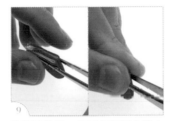

用鑷子夾住翻到背面，在布邊開口上膠，

待膠半乾後，用手指捏緊布邊。（註：觸摸時不黏手，但仍有軟度即可。）

用剪刀稍微修齊膠面。（註：若有內層布露出，須一起修掉。）

翻到正面，在尖端開口處上點膠。

待膠半乾後，修齊尖端。

將花瓣尾端的對摺用鑷子撐開，使花瓣撐圓。

重複步驟 1-13，將須製作的 2 片花瓣完成。

拿起 1 片 2.5cm 布片，用鑷子夾住一角，將布片沿對角線對摺成三角形。

沿三角形的垂直中央線再次對摺。

17 用鑷子夾住中間，將兩邊分別翻起對摺。

18 用鑷子夾住翻到背面，在布邊開口上膠。

19 待膠半乾後，用手指捏緊布邊。（註：觸摸時不黏手，但仍有軟度即可。）

20 用剪刀稍微修齊膠面。

21 翻到正面，在尖端開口處上點膠。

22 待膠半乾後，修齊尖端。

23 將花瓣尾端的對摺用鑷子撐開，使花瓣撐圓。

24 重複步驟 15-23，將需要的 2 片花瓣完成。

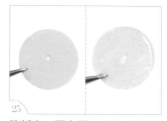

25 將紙卡一面上膠。（註：圓形紙卡的做法可參考 P.12。）

26 取 3.5cm 的花瓣，將尖端對準紙卡圓心並黏合。

27 將第 2 片 3.5cm 花瓣與紙卡黏合。

28 取 2.5cm 的花瓣，將尖端對準紙卡圓心並黏合。

| | | |
|---|---|---|
| 將第 2 片 2.5cm 花瓣與紙卡黏合。 | 用剪刀修剪掉多餘的紙卡。 | 沿著花瓣邊緣修剪，不要剪到黏合處，完成蝴蝶木體。 |

| | | |
|---|---|---|
| 花蕊剪下 1.7cm。 | 花蕊根部沾上膠。 | 黏在 4 片花瓣的中心處。 |

| | | |
|---|---|---|
| 重複步驟 32-34，將另 1 根黏合。 | 在蝴蝶中央直線塗上膠。 | 承步驟 36，黏上珠子。 |

| | | |
|---|---|---|
| 重複步驟 37，依序並排黏上其餘的珠子。 | 重複步驟 37，將 3 顆珠子黏合。 | 完成蝴蝶。 |

# つまみ細工の作り方：花のアクセサリ
## 〔和風布作花物語〕

| | | |
|---|---|---|
| 書　　　名 | 和風布作花物語：つまみ細工 X 花卉小物 | |
| 作　　　者 | 松毬 | |
| 主　　　編 | 譽緻國際美學企業社・莊旻嬑 | |
| 助理編輯 | 譽緻國際美學企業社・黃品綺 | |
| 美　　　編 | 譽緻國際美學企業社・羅光宇 | |
| 封面設計 | 洪瑞伯 | |
| 攝影師 | 吳曜宇 | |
| 發 行 人 | 程顯灝 | |
| 總編輯 | 盧美娜 | |
| 美術編輯 | 博威廣告 | |
| 製作設計 | 國義傳播 | |
| 發 行 部 | 侯莉莉 | |
| 財 務 部 | 許麗娟 | |
| 印　　務 | 許丁財 | |
| 法律顧問 | 樸泰國際法律事務所許家華律師 | |
| 藝文空間 | 三友藝文複合空間 | |
| 地　　址 | 106 台北市安和路 2 段 213 號 9 樓 | |
| 電　　話 | （02）2377-1163 | |
| 出 版 者 | 四塊玉文創有限公司 | |
| 總 代 理 | 三友圖書有限公司 | |
| 地　　址 | 106 台北市安和路 2 段 213 號 9 樓 | |
| 電　　話 | （02）2377-4155、（02）2377-1163 | |
| 傳　　真 | （02）2377-4355、（02）2377-1213 | |

E - m a i l 　service @sanyau.com.tw
郵政劃撥　05844889 三友圖書有限公司
總 經 銷　大和書報圖書股份有限公司
地　　址　新北市新莊區五工五路 2 號
電　　話　（02）8990-2588
傳　　真　（02）2299-7900

初　　版　2023 年 9 月
定　　價　新臺幣 460 元
I S B N　978-626-7096-55-0（平裝）

國家圖書館出版品預行編目（CIP）資料

和風布作花物語：つまみ細工 X 花卉小物 / 松毬作
. -- 初版. -- 臺北市：四塊玉文創有限公司, 2023.09
面；　公分
ISBN 978-626-7096-55-0（平裝）

1.CST: 花飾 2.CST: 手工藝

426.77　　　　　　　　　　　112014268

三友官網　　三友 Line@